シリーズ
いま日本の「農」を問う
3

有機農業がひらく可能性

アジア・アメリカ・ヨーロッパ

中島紀一／大山利男／石井圭一／金 氣興［著］

ミネルヴァ書房

刊行にあたって

「農業」関連の議論や報道が活発化している。これまで農業問題というと、農業研究者や生産者、農林水産省・ＪＡ関係者だけの問題と考えられ、とくに都市部の住民は関心が薄かった。ところが、ここへきて急に農業問題がクローズアップされ一般市民の関心を集めている背景には、世界規模での社会情勢の変化がある。マスコミが発信する記事からは、研究機関・穀物メジャーや大商社・食品関連企業・農林水産省などからの新しい農業の動向が伝えられる。また食料自給率や食料安全保障という考え方が市民に浸透し、日本の食料問題は、世界の政治・経済や気候条件と無関係ではないという事実を強く感じさせる。

また環境問題や食の安全問題は、自分自身の問題として、我々の日常に無関係ではなくなっている。しかし肥料の過剰投与や化学農薬による土壌や水質汚染、遺伝子組換え種子の問題は、それをセンセーショナルに否定的にとらえる論調ばかりが目立ち、実際のところはどうなのか、という冷静な判断ができにくくなっている。

一方で、化学肥料や農薬を使わない「有機農業」や、そもそも肥料も農薬も使わない「自然農法」の存在がきわめて魅力的に語られ、環境や食の安全に関心のある人々を惹きつけている。しかし、実際のところはどうなのか、現実にはどの程度実現しているのか、という冷静で客観的な判断は、残念ながらあまり目にする機会がない。これは原発の自然エネルギーへの代替可能性論議に似ている。

本シリーズを企画するにあたり、センセーショナルな論者ではなく、科学的かつ客観的で冷静な、あるいは農業の実践者ならではの経験蓄積から語られる、説得力のある言葉をもつ筆者にお願いした。そのため執筆者の範囲はたいへん広くなり、大学や研究機関の研究者では、農学にとどまらず、生物学、植物遺伝学、文化人類学、経済学、哲学、歴史学、社会学にまでおよぶこととなった。研究者以外では、穀物メジャーや大商社の現役商社マン、世界規模の化学会社、種苗会社、食品関連企業、また農業関係のジャーナリストやコンサルタント、大規模農家、農業関連NPOの代表や農業ベンチャーの経営者まで幅広い。その結果、執筆者の年齢も三〇代はじめから七〇代まで広がった。また筆者選定にあたり、TPPに賛成か反対か、遺伝子組換え問題に賛成か反対かという立場を「踏み絵」的条件にすることを避けた。

この企画作業の過程で、「農業」という人間の営みがもつ多面的な姿に気付かされることになった。「農業」は生産活動である前にまず「文化的な営み」であることを感じ、企画の基調に「農業は文化である」という視点を立てることとなった。

この広範な視野を取り込む編集作業にあたり、多くの方のご協力、ご教示を得た。ここに記し、深く感謝する次第である。

平成二六年五月

本シリーズ企画委員会

有機農業がひらく可能性——アジア・アメリカ・ヨーロッパ　目次

本文DTP　AND・K
企画・編集　エディシオン・アルシーヴ

第1章　日本の有機農業

――農と土の復権へ――

中島紀一

中島紀一

（なかじま　きいち）

1947年，埼玉県生まれ。
茨城大学名誉教授。
有機農業技術会議代表理事。
日本有機農業学会理事。

東京教育大学農学部卒業。深い有機農業の知識を基礎に，福島の原発汚染からの農業の回復などに力を注ぐ。『食べものと農業はおカネだけでは測れない』（コモンズ，2004年），『有機農業の技術とは何か』（農文協，2013年），『原発事故と農の復興』（コモンズ，2013年，共著），近著に『野の道の農学論「総合農学」を歩いて』（筑波書房，2015年）がある。

1　希望としての有機農業

高齢者産業となった日本農業

日本農業は今、ＴＰＰなどのグローバル化の濁流のなかで、その進路を巡って苦悩している。農水省は二〇一二年一二月、日本農業のアウトラインを描き出す、ある衝撃的な分析資料を公表した（農水省経営局「農業経営構造の変化」二〇一二年一二月）。

そこには基幹的農業従事者の年齢構成について図1が収録されている。「基幹的農業従事者」とはなんともわかりにくい言葉だが、ふだん主に農業に従事している人を指している。こういう言葉が出てくる背景には、日本農業を支える農家の七二パーセント（二〇一二年／販売農家）は他産業にも従事する兼業農家だという事情がある。

この図によれば、現在、農業に携わっている人の四六パーセントは七〇歳以上、三〇パーセントが六〇歳代で（合計で六〇歳以上が七六パーセント）、若い世代については三〇歳代は三パーセント、二〇歳代は一パーセント（合計で三九歳以下は四パーセント）となっている。農業はほぼ完全に高齢者産業となっているということだ。

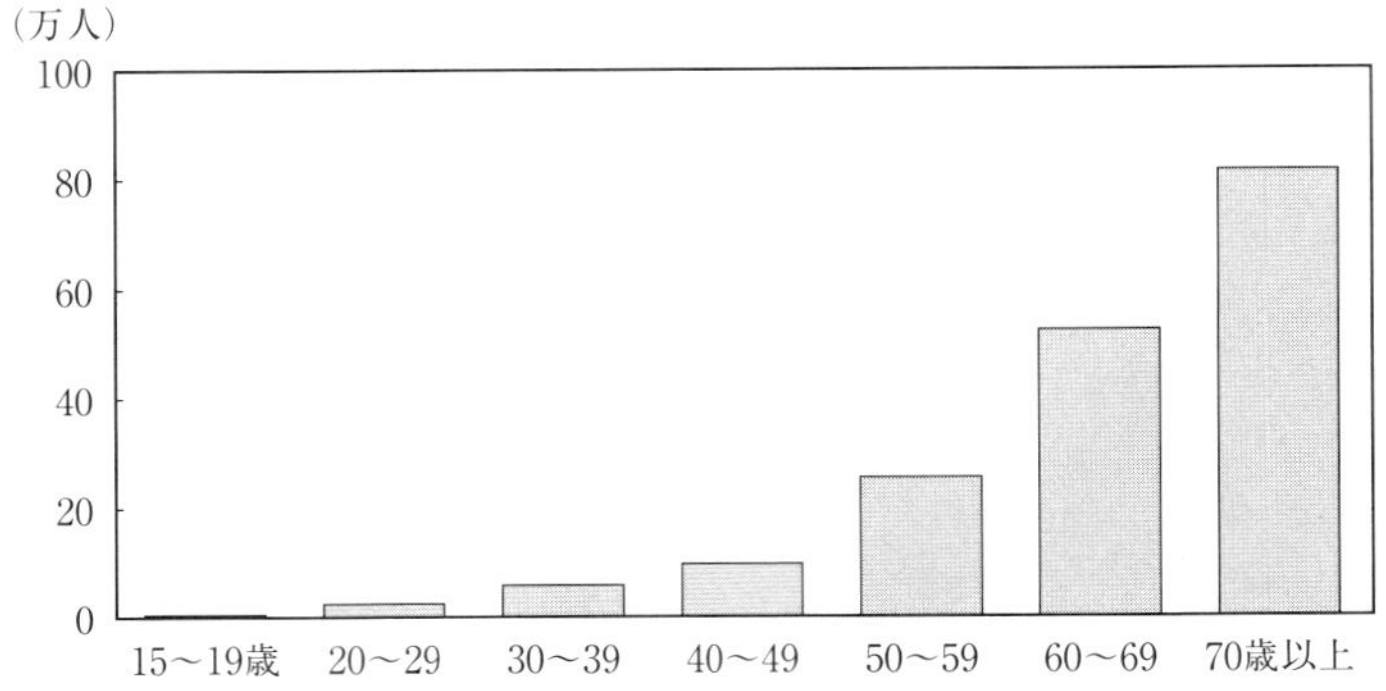

図１　年齢階層別の基幹的農業従事者数（2012年）

高齢化社会の形成という視点から見れば、高齢者がいつまでも元気に働けている場として、各地域に農業があり続けていることはとても良いことなのだが、若い世代がほぼ完全にそこに参加していないということはきわめて深刻である。農業は食べ物を作り出す産業で、また、国土と自然を有効に使い、それを上手にメンテナンスしていく産業だということを考えれば、若い世代の不参加の状態は社会の大きな歪みとしなければならない。

農業はほぼ高齢者だけが参加する産業だという状況は、けっして遠い昔からのことではなかった。この点に関しても農水省のこの資料には図2が載っている。これも衝撃的な図だ。

一九六〇年には、農業を主に担っていたのは三〇歳代で、二〇歳代も四〇歳代も大勢いて、六〇歳代

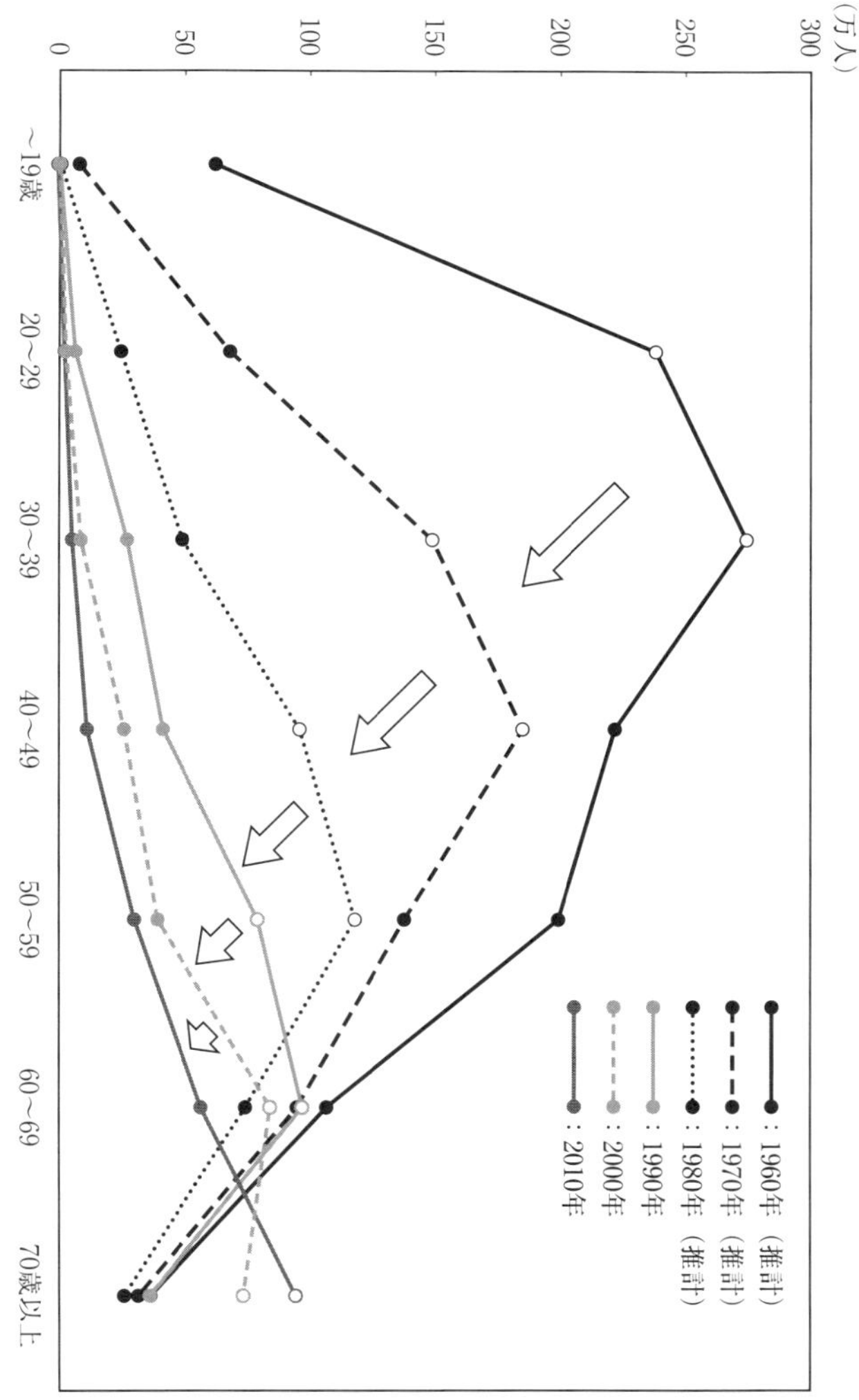

図２　基幹的農業従事者の年齢階層別の動向

以上の数も現在とあまり変わらなかったということなのだ。当時は、高齢者も、働き盛りの世代も、若者の世代も、こぞって農業に参加していた。一九六〇年といえば東京オリンピックの四年前のことだ。

ところがその後、働き盛りの世代と若者の世代の農業従事者が激減し、三〇年後の一九九〇年ごろには、農業は主として高齢者が担う産業だという現在の構造に移行してしまっている。

関連して言えば、農業を担う農家の数も、一九六〇年には六〇五万戸だったものが、二〇一〇年には二五二万戸にまで激減している。また、食料自給率は一九六五年には七三パーセントだったものが、二〇一二年には三九パーセントとなってしまっている（カロリーベース）。

現代の日本社会は、経済成長の追求のなかで、農業、そして食べ物の生産を捨ててきてしまったということだ。それは目先の利益のために、大切な豊かさを損ねているということであり、これは最近二〇〜三〇年の間に作られてしまった実に深刻な社会構造なのである。

国が推進する「強い農業」

こうした現状のもとで、国は、グローバル化の流れに乗っていくことを基本政策としつつ、農業については、零細規模の高齢者農家という現在の担い手構造を清算し、国際競争力のある強い農業の創出、農業への企業参入の促進を図るという政策を打ち出している。ＴＰＰ下でも生き残れる農業という発想だ。

農業の現実としては、先の農水省の分析資料にも数々のデータが示されている通りだが、「高齢化産業としての農業」というあり方すらも崩壊寸前の状況にあり（高齢者の自然減は加速し、それを補う高齢者予備軍の農業参加の流れがかなり滞り始めている）、その一方で、大規模な農業経営体が相当なスピードで増加し、国内の農業生産におけるシェアを高めつつある。農業経営を法人化する動きも加速している。

国はそうした動向を望ましいあり方だと描こうとしている。しかし、農業の現場ではそれを「望ましい」と受け止めている人はほとんどいない。「望ましくはないが、新しい動きはそれくらいしか見あたらない」といったところが率直な感想だろう。新しい担い手とされる農家の多くも、この道に展望があると確信している人は少ないと思われる。

たとえば、ほんの二〇年か三〇年前には一〇〇戸もの農家が農業に携わっていた集落で、九九戸が離農し、一戸の農家だけがスーパー農家として生き残ったとしても、それを望ましいと受け止める人はほとんどいない。その方向がうまくいかないだろうということも、現場を知る人なら誰でもわかることだ。一戸だけで一〇〇戸分の集落の農地の全部を上手に耕作することなどありえない。集落には条件の良い農地だけでなく、条件の良くない農地もある。集落の農家はそれを承知で、良い農地も良くない農地も大切にして、豊作を喜び、不作を嘆きながら農業を続けてきたのだ。こうした最近の方向だけが進展すれば、耕作放棄地が散在する虫食い状態の景観が随所に出現することは眼に見えている。

こんな状況の下で、何故か、ここに商機がありというマスコミの論調が躍り、そのなかでわずかでも商機をつかみたいと考えている企業もあちこちに生まれつつあるようだ。二〇年ほど前に、マスコミでバイオの文字が躍ったころに、バイオ部門を新設しようとした企業群がたくさんあった。その多くは、関心を示しただけで、実際には手を染めることもなかったようだが、今回の「強い農業育成」や「企業の農業参入」の喧噪もその類のことだろうとは思われる。

だが、この現実とはかけ離れた喧噪のなかで、農業が確実に力を落としていることは明らかで、私はこのことをきわめて深刻に受け止めている。

国民は、国内の農業と食べ物の国内生産を捨てるのではなく、それぞれに可能な形を探して、この懐かしい領域に回帰し参加していく道を本気で考えるべきなのだ。日本社会がこんなおかしな状態に陥ってしまったのは、それほど昔からではない。一九六〇年には、総人口の三七パーセントは農家人口で、総就業者数の二七パーセントは農業就業者だったのだ（国勢調査）。極端に聞こえるかもしれないが、日本社会は改めて国民皆農の道へと方向転換すべきなのだ。

若者たちの参加の流れ

有機農業は誰でも実施できる民間の取り組みなので、その動向についての確実な統計数値はない。しかし、いくつか明らかなことはある。それは次の四点だ（資料は農水省生産局農業環境対策課「有機農業の推進に関する現状と課題」二〇一三年八月）。

第一は、その数はまだごく少数だという点である。農水省の推計では、全国の有機農業農家数は一万二〇〇〇戸（総農家数二五二万戸のうち、〇・五パーセント）、栽培面積は一万六〇〇〇ヘクタール（総農地面積四六一万ヘクタールのうち、〇・四パーセント）である。

第二は、しかし、その数はかなりのスピードで増加しているという点である。二〇〇五年は八七六四戸と推計されていたものが、二〇一〇年には一万一八五九戸に増加している。五年間で三五パーセントの増加である。

第三は、有機農業者の年齢は比較的若いという点である。農業従事者の平均年齢は、農業全体では六六歳だが、有機農業は五九歳となっている。

第四は、農業への新規参入者の多くが有機農業を目指しているという点である。農業への新規参入に関心を示す若者たちの二八パーセントは「有機農業をやりたい」と答え、六五パーセントは「有機農業に関心がある」と答えている（新農業人フェアでのアンケート）。また最近一〇年間に実際に有機農業で新規参入した人の平均年齢は四三歳となっている。

もちろん有機農業にもたくさんの困難があり、順風満帆に進んでいるわけではない。だが、本節の最初に紹介した日本農業の一般的動向とは明らかに異なった、新しい息吹が有機農業にはあることは確かなのだ。

また、国の政策という点でも、二〇〇六年には、超党派の有機農業推進議員連盟の提案で、「有機農業推進法」が参衆両院の満場一致で採択され、そこでは「国と地方公共団体は有機農業の推進に責務を有する」と規定された。この立法を期に、国の政策も有機農業推進に転換してきているのだ。

地方のレベルでも「有機の里づくり」というあり方は魅力的な政策方向と受け止める流れは強まっており、地域から孤立する傾向もあった有機農業は一転して、地域から期待される存在になって、「地域に広がる有機農業」という方向へと向かい始めている。

さらに言えば消費者の有機農産物への支持と期待も明確だ。だから有機農業推進は、実態としても、政策的可能性としても、苦境のなかにある日本農業のこれからにとって、明らかに希望を持てる対抗的な道と位置づけられるのである。

本章ではこうした「希望としての有機農業」という視点から、日本の有機農業の「過去・現在・未来」について語ってみたい。

「有機農業」という言葉

くわしくは次節で述べるが「有機農業」という言葉は、Organic Farming の邦訳としての造語で、案出されたのは一九七一年のことである。その少し後に（一九七四年）、同じ流れのなかで『有機農法』と題した訳本が出版されたが、より包括的な一般用語としては「有機農業」が定着してきた。

自然農法、自然農、自然農業、天然農法、自然耕、循環農法など、さまざまな類似した言葉も一部で熱く語られている。それぞれ提唱者がおり、それぞれの言葉には独自の内容と思いが込められている。また、それぞれの言葉には、自らの実践や考えを語るだけでなく、言外に類似した他の言葉との違いや批判も込められていることが少なくない。当事者にそれぞれの意味を伺ってみれば、それぞれに正当性があり、納得できる内容がそこに含まれていることもわかる。

だから、これらの言葉の意味と実態を横に並べて、比較しながら考えてみることも、この領域についての理解を深めるための一案ではあるだろう。

しかし、本章ではそういう方法を採らなかった。ある意味ではどの言葉も、それなりに正しく、だが、同時にこうした取り組みの全体を考えるための一般用語としては部分的で狭いものとなっているからだ。部分的で狭いというのは、自分たちの独自性をできるだけ端的に表現しようとする動機を考えればあたりまえのことだ。

これは実に興味深いことなのだが、他との違いを強く意識しながら、思いを込めたこれらの言葉が、よく考えてみればどれもそれなりに正当で正しい、という論理学としては成り立たないようなことが農業の世界にはたくさんある。農業は人類が編み出した、優れた明確な営みなのだが、その取り組みには多様性があり、柔軟で実に懐が深い。農業において「解」は一つとは限らないということなのだ。

自然農法も十分に根拠があり、成り立つ営みだが、植物工場のような営みも、農業の一つのあり方として、当面は成り立っていく。そのことをふまえたうえで、ここで問われているより本質的な問題は、それぞれの営みがそれとして成り立つかどうかではなく、農業の歴史的あり方として、それがどのような方向と与《くみ》しているのかという点なのだ。

くわしくは第四節で述べるが、今私たちの生きる時代に展開している農業は、人為と自然との関係性という視点から見れば、自然の制約から離脱しより人工的な営みとして農業を組み立てていこうとする「近代農業」というあり方と、そうしたあり方を批判し自然を尊重しそれと共生していく営みとして農業を組み立て直そうとするあり方の二つの大きな流れがあると私は考えている。そうした私の視点からすれば、とりあえず重要なことは、さまざまな言葉のそれぞれの独自性ではなく、「近代農業」と対置される自然共生を志向する農業の流れの総称をどう設定したら良いのかという問題なのである。

現状ではそのような総称として「有機農業」が使われている。法律だけがすべてではないが、関係者の幅広い総意をふまえる形で「有機農業推進法」が制定されていることも重視すべきだろう。

本章では、そのような総称としての一般用語として「有機農業」を使っている。このように語ることによって、さまざまな言葉として自称されているさまざまな取り組みに共通し、通底する何かが見えてくればというのが私の意図である。このことを果たしたうえで、改めて、たとえば「自然農法」などの言葉の独自性に立ち返ってみれば、また新しい視野も開かれてくるのではないかというのが私の期待でもある。

なお、有機農業推進法の第二条では有機農業について次のように定義している。

この法律において『有機農業』とは、化学的に合成された肥料及び農薬を使用しないこと並びに遺伝子組換え技術を利用しないことを基本として、農業生産に由来する環境への負荷をできる限り低減した農業生産の方法を用いて行われる農業をいう。

2　日本の有機農業の歩み

第一世紀から第二世紀へ

有機農業は今、日本農業の新しい息吹として受け止められている。食べ物業界でも人気のある新しいコンセプトとして扱われている。食べ物業界では、「有機農業」よりも英語の「オーガニック」という言葉に馴染みが出てきており、そこにはある種のファッション性も込められている。

このように有機農業には新しいという印象も強いのだが、実はその取り組みはすでに八〇年近い歴史を持っている。第二次世界大戦後を「現代」とすれば、有機農業はその「現代」より前から草の根の歩みを始めている。

日本での有機農業は一九三〇年代の半ばごろに、複数の先駆者の覚醒という形で、提唱され、開始された。その歩みの特質は、ほぼ完全に民間の、草の根の取り組みとして、継続されてきたという点にある。現代日本の農業にも民間主導の技術運動はいくつもあるが、それが八〇年近くも途絶えずに続けられてきた有機農業は希有な一つだ。

現在の日本農業の政策制度の歩みとしては、一九四六年に戦後改革として農地改革が実施され、一九六一年に近代農業推進を謳って農業基本法が制定され、一九七〇年から米の生産調整政策が開始され、一九九九年に旧農業基本法を廃止して新しい食料・農業・農村基本法が制定されて現在に至っている。

その間、日本の農政は、目指すべき生産態勢のあり方として近代農業の普及、拡大を強く推進してきた。近代農業の象徴は、化学肥料や農薬であり、また、農業機械化であり、ビニールハウスなどの農業施設化であり、土木技術を駆使した農地の基盤整備の推進だった。それは近代的工業技術の農業への導入であった。だから内容的に見れば、それは農業の工業化の取り組みだった。

農業はいうまでもなく、農地を舞台として作物や家畜を主役においた人類生存のための生命的・自然的営みなのだが、右に述べたの近代農業の推進においては、農業生産についての生命的・自然的営みという側面はあまり配慮されず、それを工業製品や工業的技術に置き換え、生産性を上げることに関心が集中されてきた。その取り組みの媒介者として、新しい科学技術の開発者として農学が役割を果たしてきた。そこでは、作物や家畜の生理的、生態的、遺伝的な仕組みの解明が進められたが、それは主として上述の農業の工業化の方向に沿ったものだった。たとえばたくさんの新品種が作り出されたが、その多くは、化学肥料や農薬、人工的配合飼料の利用に適した、あるいは人工的な栽培や飼育環境に適した品種の作出であった。

それに対して、有機農業は、農業における生命的自然的あり方を大切にすべきで、なかでも近代農業の中核技術としての化学肥料や農薬の使用は止めるべきだと強く主張するところから開始されている。それは、近代農業推進を標榜する農政の動きに抗しながら開始された在野の取り組みだった。長い間、それは反時代的妄想だと非難され続けてきたが、八〇年近くを経て振り返ってみれば、いのちと自然を大切にする有機農業こそが時代的先駆を示す取り組みだったことは明らかとなっている。

現代という時代は、技術革新と新規性だけが評価されるのだが、そうした時代の行き詰まりは明らかで、地球温暖化や原発事故に見られるようにその深刻な破綻は各所に見られてきている。有機農業の主張や実践は、科学技術万能を謳う現代の風潮とはおよそそぐわない。しかし、ここが重要なのだが、そうした有機農業は、その取り組みは古くからのものなのだが、時代の歪みを実に正しく射抜いており、だからこそそこには今も新しい魅力があり、その実践からは未来への可能性が見えてくるのだ。取り組みとしても言葉としてもその生命力は実に長く続いている。

私たちは、こうした民間の草の根の長い歩みを「日本の有機農業第一世紀」と位置づけてきた。しかし、時代は変わるものだ。

次節でくわしく述べるが、二〇〇六年一二月に国会で有機農業推進法が成立し、国は一転して、有機農業者等とともに自治体ともども有機農業を推進していくという政策に転じることになった。まだ、その政策は十分には定着しておらず、成果も端緒的だが、草の根の取り組みと国や自治体の政策方針が真正面から対立するというあり方は制度的には終わり、有機農業推進は官民一体の方針となったのである。私たちは有機農業推進法の制定を歓迎し、これを期に日本の有機農業は第二世紀に移りつつあると位置づけている。

日本の有機農業の始まり、自然農法

日本で「有機農業」という言葉が使われるようになったのは一九七一年一〇月に一楽照雄《いちらくてるお》（一九〇六～九四）らによって「日本有機農業研究会」（現理事長は佐藤喜作）が設立されてからだった。この言葉がOrganic Farmingの翻訳語であることは先に述べたが、これは一楽によって造語されたものとされている。

日本には、日本有機農業研究会設立に始まる有機農業運動の展開に先立って、「自然農法」を提唱する有機農業の長い実践の歩みがあった。一九三〇年代中ごろに、宗教家の岡田茂吉《おかだもきち》（一八八二～一九五五）、農業哲学者の福岡正信《ふくおかまさのぶ》（一九一三～二〇〇八）はそれぞれ別個に、農薬や化学肥料に頼らず土と作物の力を引き出すことを基本に農法を組み立てていくことを提唱し、それをそれぞれ「自然農法」と呼称してきた。

岡田は世界救世教（当初の教団名は「大日本観音会」）の創始者であり、教祖であった。一九三五年に大本教から分かれて立教された世界救世教は「浄霊」「芸術」「自然農法」の三つを宗教活動の主な柱としている。岡田はすでに立教のころから化学肥料の弊害を感知しており、一九三八年から化学肥料を使わない自然尊重の農業研究に自ら着手している。戦後の食糧難の時代に自然農法の本格的提唱と普及が開始されている。当初は「無肥料栽培」と呼称していたが、趣旨を適切に示すために一九五〇年より「自然農法」に変更し、一九五三年には「自然農法普及会」を発足させ、教団外への普及活動も積極的に取り組まれるようになっている。

岡田は自然農法について当時、次のように記している。

図３　一楽照雄
（写真提供：日本有機農業研究会）

図４　岡田茂吉
（写真提供：世界救世教・いづのめ教団）

自然栽培の根本理念は飽くまで自然尊重であって、それは自然がよく教えている。およそ世界にある森羅万象あらゆるものの生成化育を見れば分かるごとく、大自然の力、即ち太陽、月球、地球というように火、水、土の三元素によらぬものは一つもない。勿論作物と雖もそうであるから、日当たりをよくし、水分を豊富にし、土を清くすることによって、作物は人間の必要以上余るほど生産されるものである。見よ地上には枯葉も落葉も豊富にでき、年々秋になればそれが地上を埋め尽くすではないか。これこそ全く土を豊饒にするためのものであってそれを肥料にせよと教えている。そうして耕作者は堆肥に肥料分があるように思うが、決してそうではない。本来の堆肥の効果は、土を乾かさないためと、温めるためと、固めないためである。

（「農業の大革命」一九五二年）

そして自然農法の具体的技術方策としては次のような項目を挙げている。

① 土を清浄に保つ。
② 肥料を使わない、自然堆肥を適切に使う。

③　農薬は使わない。
④　自家採種をする。
⑤　連作を進める。

福岡正信は岐阜高等農林学校を卒業し、横浜税関に勤務し専門家として植物検疫の仕事に従事していた。二五歳のときに覚醒し「世界は無だ」と悟り、職を辞して、愛媛の実家に戻って帰農し、自然農法の模索を開始した。その後、高知県農業試験場で植物病理の試験研究に携わるが、第二次世界大戦の敗戦後、再び愛媛の実家に戻り、本格的な自然農法の実践と探求に没頭した。福岡はその探求のプロセスを「何もしない農法を目指す」「普通行われている農業技術を一つ一つ否定していく。一つ一つ削っていって、本当にやらなきゃいけないものはどれか、という方向でやっていけば、百姓は楽になるだろうと。楽農、惰農を目指してきました」と語っている。

図５　福岡正信
（写真提供：福岡大樹）

最初にもっとも注目された栽培法は不耕起、無施肥、無除草の「米麦連続不耕起直播」で、その麦田の様子を次のように記している。

　ごらんなさい、この大地と青空の下で、発散されている麦のこの強烈なエネルギーを。圧倒されるでしょう。

　反（一〇アール）当たり一〇俵以上できてますよ。この麦の足もとをかきわけてみてください。麦の足もとにはクローバーが生い茂り、ハコベやスズメノテッポウなどの雑草も、ちらほら混じって生えています。そしてそのクローバーの下には、昨秋ふりまいた稲わらが、よく腐熟した堆肥のようになっているでしょう。

　麦があり草があり、堆肥があるから、いろんな虫が、うようよ生活できるのですよ。これが自然の姿です。

（『わら一本の革命』春秋社、一九八三年）

そして福岡は自然農法の技術的原則として「不耕起」「無肥料」「無農薬」「無除草」の四点を挙げている。

なお岡田も福岡も、自然農法と自然で健康な食とは相補的なものと主張し、農と食の連携を提唱してきた。

自然農法の諸活動は一九七一年の「日本有機農業研究会」発足後も独自のものとして進められてきており、実践者、協賛者の数も多く、現在でも日本の有機農業の重要一翼をなしている。念のため付言すれば、両者は離反しているのではなく、自然農法関係者も「日本有機農業研究会」の設立とその後の運営にも参画しており、とくに技術の面では自然農法関係者のリーダーシップは大きな役割を果たしてきた。また、自らの実践を「自然農法」と自称することによって、有機農業の展開方向性について自然との共生というあり方を明示してきたという点でも重要な役割を果たしてきた。

農薬公害と食品公害

戦後は化学工業の時代であり、工業で作られた化学物質が農業にも、都市の生活にも、幅広く大量に使われるようになった。なかでも石油化学製品の開発はめざましかった。それらの製品には驚くべき利便性があり、それによって都市の生活様式も、続いて農村の生活様式も、そして自然環境も大きく変えられていった。

しかし、利便性の裏には深刻なリスクも蓄積されていってしまった。戦後復興の後、日本経済は高度成長を遂げたが、それに対応して、一九五〇～六〇年代には、水俣病（有機水銀）、新潟水俣病（有機水銀）、イタイイタイ病（カドミウム）、PCB中毒（カネミ油症・ダイオキシン）、四日市ぜんそく（煤煙スモッグ）などの深刻な公害病が各地に発生していった。

農業についてみると、工業技術の発展のなかで、昭和のはじめごろから肥料として化学肥料（代表的なものが硫安－硫化アンモニウム）が多く使われるようになった。戦後の経済復興を経て、化学肥料は主な肥料形態となり、その使用量は爆発的に増加したという背景があった。化学肥料の多肥は、土の力の衰退を招き、作物を軟弱にしてしまう。そのためにいたるところで病害虫の大発生を招いてしまった。それに対処するために、同じく化学産業の製品として農薬が開発されて、病虫害対策として多用されるようになる。こうして化学肥料の多肥と農薬の多用がセットとして戦後の農業技術発展（近代農業の推進）を主導することになった。

近代農業推進の陰で、稲の殺虫剤のパラチオン剤による農民の中毒死の続発など、まず農民の健康が冒されていった。さらに、稲の殺菌剤中の水銀成分が、女性の毛髪から検出され、牧草畑に散布した殺虫剤のDDTが、牛乳からも、さらには母乳からも検出されるというショッキングな事態が広がっていった。栽培技術として使用した農薬が、農産物に残留し、環境を汚染し、食を通して人の健康も冒していくという深刻な連鎖構造が作られてしまったのである。

農薬の環境汚染に関しては、科学ジャーナリストのレイチェル・カーソンが『沈黙の春』（一九六二年、邦訳は一九六四年。現在は新潮文庫より刊行）を書いて農薬による生態系の汚染と破壊を強く告発した。その序章には次のように記されている。

暗い影があたりにしのびよった。いままで見たこともきいたこともないことが起こりだした。若鶏はわけのわからぬ病気にかかり、牛も羊も病気になって死んだ。どこに行っても、死の影。農夫たちは、どこのだれが病気になったというはなしでもちきり。町の医者は、見たこともない病気があとからあとから出てくるのに、とまどうばかり。そのうち、突然死ぬ人も出てきた。何が原因か、わからない。大人だけではない。元気よく遊んでいると思った子供が急に気分が悪くなり、二、三時間後にはもう冷たくなっていた。

自然は沈黙した。うす気味悪い。鳥たちはどこに行ってしまったのか。みんな不思議に思い、不吉な予感におびえた。

一九六〇年代は食品産業の大展開が始まった時期でもあった。かつて食品産業はローカルな小企業を主な担い手としていた。原料は地方で分散的に生産される農水産物であり、品質は変化しやすく、腐敗しやすいデリケートな素材だった。それを発酵、乾燥、塩蔵などの伝統的な技術で加工するのが食品産業の主な形態だった。ところが、高度経済成長期の大都市の大成長に対応して、食料品の大規模大量流通の体制（スーパーマーケットシステム）が作られ、それに応える食品生産システムとして全国規模の食品産業群が展開し始めていった。新しい大規模な食品産業群を支える技術的基礎条件が、食品添加物（食品製造のための化学物質で着色、味付け、加工、防腐などに使われる）の開発と普及だった。一九六〇年代には食品添加物は食品産業の不可欠な技術要素となっていった。あたかも、農業における化学肥料と農薬のようなものだった。

そしてそこから、食品添加物由来の食品公害問題が発生し、社会的不安が広がっていった。戦後の経済成長の結果として、こうした公害問題や農薬問題の広がりは、世論を動かし、国会も動きだし、一九六七年に公害基本法が制定され、六八年には大気汚染防止法、七〇年には水質汚染防止法、そして七一年に環境庁が設置されている。

農薬問題については一九七一年に農薬取締法が大改正され、遅まきながら、かつ不十分なものであったが、農薬の安全性確保についての制度対策がようやく講じられるようになった。

日本有機農業研究会の発足

このような社会情勢の展開のなかで、一九七一年に日本有機農業研究会が創設された。前に紹介したように、「有機農業」の語はこのときに造語されたものだった。

この組織は、当初は近代農業の現状、そして食と医と健康の現状を憂慮する農業関係者の賢人サロンのようなものとして設立されるが、その後有機農業の実践者や有機農産物を求める消費者が多数参加するようになり、有機農業運動の推進組織として展開し現在に至っている。

この組織の設立趣旨は「結成趣意書」（本章末資料１）に記されており、これがその後の有機農業運動の方向を示す綱領的文書となってきた。その要点は次の四点だった。

①　有機農業を、たんに特定農法についての取り組みに限定せず、農業全体のあり方、農と食のあり方、現代社会全体のあり方を根底から問い返すほどの意味を持つ幅広い

実践ととらえる。

② 機関誌名を『たべものと健康』（七六年三月号から『土と健康』と改題）とした点に端的に示されているように、あるべき姿の農業と人間の健康回復をセットとして把握し、農と食、生産と消費についてのオルタナティブなあり方の実践的な探求、「暮らし方を根底から変える」ことを基本テーマとする。

③ あるべき農法の転換には困難がともなうので、消費者の協力とそのための意識改革が必要である。

④ あるべき農法はまだ確立されておらず、模索過程にある。新しい技術開発が必要だが、それができない間はとりあえず旧技術に立ち帰ることもやむをえない。

日本有機農業研究会の設立前後の全国各地での生産者と消費者の連携した取り組みの広がりについては、朝日新聞に連載された有吉佐和子『複合汚染』（一九七四年一〇月から連載、新潮文庫に収録）でくわしく紹介され、有機農業は一気に社会的に知られるようになった。

有機農業推進の方法として「生産者と消費者の提携」というあり方を定式化したことも

この会の大きな功績だった。それは一九七八年一一月の第四回全国有機農業大会で「提携の一〇カ条」にまとめられている（本章末資料2）。要点は次のようなものである。

①　提携は農産物の売買関係ではなく、有機農業に取り組む生産者と消費者の相互理解、相互扶助の関係であり、そのためにも意識向上のための学習活動が重視される。

②　生産者と消費者はよく相談し、消費者の食卓をまかなうためにその土地で可能な多品目の作物を計画的に栽培し、消費者は生産物を全量引き取り、食生活をできるだけ全面的にそれに依存させる。

③　価格は生産者と消費者の話し合いで決め、変動を避け、一定期間は基本的に固定価格とする。生産者は、全量引き取りや流通経費の節減を考慮し、消費者はほんものの農産物としての価値を考慮して価格についての取り決めをする。価格は品物の代金というより、行為に対する謝礼という性格のものである。

④　提携のグループは人数が多すぎることは好ましくない。運動の拡大はグループ数の増加という方向で実現すべきである。

取り組みの社会的広がり

一九八〇年代になると、自然農法を含む有機農業のこうした展開への社会の関心は高まり、有機農産物への需要も拡大していった。

この時期に日本では各地の都市部で地域生協が急成長を遂げた。地域生協の展開の背景には、食品添加物や農薬残留など食の安全性への不安感の高まりがあった。生協の独自規格で添加物使用等を抑制した「コープ商品」、農薬使用を減らす取り組みをしている農業者グループとの提携による「生協産直」などの商品政策が強く支持されていった。

「生協産直」では有機農産物の取り扱いは多くはなかったが、農薬や化学肥料の使用を減らした特別栽培の農産物は幅広く選好された。「生協産直」に対応する生産者組織が各地に生まれ、その活動はめざましく発展していった。生協に加盟する都市の消費者と産地生産者組織に参加する生産者の連携が各地で広がっていった。「生協産直」では、①生産者が明確、②生産方法が明確、③生産者と消費者の交流がされている、の三点が「産直三原則」として定式化されていった。また、農薬問題については、①社会的に問題にされている危険農薬の排除、②農薬使用の総量削減、③農産物の残留農薬検査の実施、といった取り組みが組織的に進められ、農薬削減への社会体制、政策体制の整備を主導していった。

有機農産物表示についての行政の関与

食品の安全性や有機農業に関するこれらの社会動向のなかで一般の市場流通の場面でも「有機」「無農薬」などの生産方法表示が目立つようになった。しかし、市場流通においてはそれらの表示の多くは野放図であり、根拠のない表示も氾濫してしまい、これらの生産方法表示に対する消費者の困惑や不信も広がってしまった。

こうした時代状況をふまえて、一九九〇年代には有機農業等の取り組みに対して国や自治体の政策や制度の関与が、主として表示規制という場面から始まっていった。

前にも述べたように日本では一九六一年に農業基本法が制定され、それ以来、農業近代化政策が国をあげて推進されてきた。この政策においては農薬や化学肥料の積極的使用が奨励され、その結果、農業者の農薬中毒、農村の環境汚染、食品の農薬汚染、農村自然の破壊などの農業農村環境問題や食べ物の安全性問題が作り出されてしまった。有機農業の運動はこうした国の農政を強く批判しその転換を求めるものとして展開された。そのため日本政府のなかに有機農業を反政府的運動だとする認識が作られ、そのこともあって有機農業に対して政府はただ頑なな否定的対応に終始してきた。

そうした政府の対応に変化が見え始めたのは一九八〇年代の後半からであった。まず、農村の地域活性化活動の類型として有機農業などに関わる活動を前向きに評価する動きが現れるようになり、続いて農産物の市場流通における表示の混乱を収めるために表示ルールの設定を国の主導で進めるようになった。

そして一九九二年には、国による「有機農産物等の特別表示ガイドライン」が任意表示基準として制定された。

また、同年にはGATT（関税および貿易に関する一般協定）のウルグアイラウンド交渉妥結を見通して、それに対応する国の農政の基本方向として「新政策」が策定され、そのなかに「環境保全型農業の推進」が農政の一つの柱として位置づけられた。そこでは有機農業は環境保全型農業の一形態という位置づけがされることになった。

政府部内の組織としては、一九八九年に農水省内に有機農業対策室が設置され、九二年に環境保全型農業対策室に改称されている。同対策室は、二〇〇八年に農業環境対策課に発展改組された。

農政の変化と有機ＪＡＳ制度の発足

法制度に関しては、一九九九年には農業近代化、農業の産業化、生産性の向上だけが謳われていた農業基本法が廃止され、替わって食料・農業・農村基本法が制定された。

　この新基本法では、農業近代化政策、大規模農業経営育成政策は引き続き継承されることになったが、あわせて農業・農村の有する多面的機能を重視するという方向が打ち出され、農業が本来有している物質循環機能の意義が書き込まれるなど、農政の環境シフトの方向も打ち出された。新基本法制定と同時に「持続的農業生産方式の導入促進法」（略称「持続的農業法」）が制定され、環境保全型農業推進について法律的根拠が作られた。また、同時に農産物の品質表示に関する「ＪＡＳ法」が大改正され、二〇〇〇年にＷＴＯのコーデックス委員会が決めた「オーガニックガイドライン」に準拠した有機農産物のＪＡＳ規格が設定され、それをふまえて二〇〇一年には有機農産物の国家認証制度（有機ＪＡＳ制度）が構築、実施された。

　このように二一世紀に入るころから日本の農政においても有機農業や環境保全型農業に関する制度や施策が組み立てられるようになったのだが、そこには深刻な歪みもあった。

　たとえば日本と同じくＧＡＴＴウルグアイラウンド合意対策として開始された韓国の親環境農業政策においては、有機農業は環境農業の先端的取り組みであり、その展開方向を示すものとして大きく位置づけられ、有機農業は行政の支援を受けて急速に普及拡大していった。しかし、二一世紀初頭における日本政府の政策では、有機農業は環境保全型農業の、特殊で小さな一類型と位置づけられ、環境保全型農業は有機農業の方向に展開するとは想定されていなかった。また、有機JAS制度は有機農産物流通の厳しい国家管理の制度として組み立てられており、そこには有機農業推進の政策意思は含意されていなかった。比喩的に言えば、有機農業は有機JAS制度の枠内に閉じこめられ、自由な展開力を失い、結果として力を落とし、国民の支援が作られぬままに衰退してしまうような状況に追い込まれていたのである。

有機農業推進法の制定

こうした閉塞的な状況を打破するものとして二〇〇六年一二月に有機農業推進法が制定されることになった。これは有機農業を農業本来のあり方として位置づけ、国や地方自治体は有機農業者など民間の取り組みと連携して有機農業の推進の責務を負うと定めた画期的な法律であった。この法律は超党派の国会議員で構成される有機農業議員連盟からの議員提案によるもので、国の政策の転換を求めるものだった。議員連盟の設立趣意書（二〇〇四年一一月）には次のように記されていた（本章末資料3）。

我々は、人類の生命維持に不可欠な食料は、本来、自然の摂理に根ざし、健康な土と水、大気のもとで生産された安全なものでなければならないという認識に立ち、自然の物質循環を基本とする生産活動、とくに有機農業を積極的に推進することが喫緊の課題と考える。

この法律の制定を転機として、日本では民間と国や自治体が連携して有機農業を推進するようになった。先に述べたように、民間陣営ではこれを機に日本の有機農業は第二世紀に移行しつつあると考えるようになっている。

日本の有機農業の歴史的裾野

日本社会の近代化の過程で、農業のあり方、自然と人間の関係性のあり方、生活のあり方、食や健康のあり方、労働のあり方、産業のあり方、都市と農村などの地域のあり方などが大きく変動・再編されるなかで、さまざまな矛盾が噴出するのだが、有機農業の形成と展開は、それらの矛盾を直視し、それと対抗しようとする真摯な対応としてあった。本節で紹介した有機農業に込められたメッセージ、自然共生的な農の再建、社会における農の復権というメッセージを歴史的文脈のなかで振り返るとそこには農本主義、重農主義の色が濃いことに気づかされる。

有機農業の「身土不二」の思想（人の身体とその健康はそこの土と切り離してはありえないという思想）、物質循環、生命循環、地域循環の思想と取り組みは、その歩みのなかで農本主義、重農主義の思潮とも連鎖している。

公害問題や環境問題への民衆運動は、有機農業を支える重要な背景であった。田中正造（一八四一〜一九一三）が告発した足尾鉱毒事件、チッソの水銀汚染による水俣病、昭和電工の水銀汚染による新潟水俣病（阿賀野川水銀中毒）、神岡鉱山（三井金属）のカドミウム汚染によるイタイイタイ病、東邦亜鉛安中製錬所によるカドミウム公害、さらには除草剤によるダイオキシン汚染問題などが日本の有機農業運動の担い手に与えた影響はきわめて大きかった。

食や医や健康の新しいあり方を模索する草の根の取り組みも有機農業運動と伴走する重要な存在だった。

日本ではこの領域は「食養」と概括されている。日本的食養の源流としては、一三世紀に仏教禅宗派の曹洞宗を拓いた道元《どうげん》（一二〇〇〜五三）の『典座教訓《てんぞきょうくん》』、一七世紀に生きた本草学者の貝原益軒《かいばらえきけん》（一六三〇〜一七一三）の『養生訓』などが挙げられる。

近代に入ってからは軍医の石塚左玄《いしづかさげん》（一八五一〜一九〇九）とその流れを汲む桜沢如《さくらざわゆき》一《かず》（一八九三〜一九六六）の食養法の影響力は大きかった。石塚は健康の根本原理として身土不二と一物全体食を強調し、桜沢は中国の易学の陰陽説を食べ物の分類に適用し、難病治療や健康な食のあり方を提示した。桜沢の食養法は現在では、マクロビオティックの名で知られており、新しい賛同者が広がっている。しかし、桜沢の食養法はかなり機械的なもので現実には問題点も少なくなかった。医師の日野厚《ひのあつし》（一九一九〜八九）は、桜沢らとともに歩んだ人だが、患者の実際に則した食養法を模索し「生態学的栄養学」の構築を提唱した。これは桜沢の食養論の是正でもあった。

医療の分野では、梁瀬義亮《やなせぎりょう》（一九二〇〜九三）、若月俊一《わかつきとしかず》（一九一〇〜二〇〇六）、竹《たけ》熊宜孝《くまよしたか》（一九三四〜）らが有機農業の発展に大きく寄与した。

梁瀬は奈良県五條市の寺の僧侶で、開業医で、そして農民でもあった。戦後まもなくから農薬の人体被害に気づき、被害者の治療のためには健康な食の確立が何よりも重要だと説き、自らの農場を拓き、日本有機農業研究会の設立発起人となった。

若月は農村医学の創始者で、近代農業の展開のなかで農村に広がる農薬中毒を憂慮し、自ら院長を務めていた佐久総合病院の付置施設として農村医学研究所を設立し、農薬問題の科学的解明と被害の防止や被害者治療に解決に尽力し、梁瀬とともに日本有機農業研究会の設立発起人となった。

竹熊は熊本県泗水町《しすい》（当時）で、経営に行き詰まり業務停止となっていた公立病院を「菊池養生園診療所」（一九七五～二〇〇〇年所長、それ以降は名誉園長）として再生させて、新しい農村医療を作り上げていった。ここでは養生こそが健康への道だと位置づけられ、診療所には農場が併設され、治療の位置づけで農作業が奨励されてきた。そこでの農業は有機農業だった。

社会思想の分野では、二〇世紀初頭に興った自然志向の文学と文学運動も有機農業運動の一つの先行者と考えることができる。徳冨蘆花《とくとみろか》（一八六八～一九二七）の『みみずのたわごと』、国木田独歩《くにきだどっぽ》（一八七一～一九〇八）の『武蔵野』、長塚節《ながつかたかし》（一八七九～一九一五）の『土』、宮沢賢治（一八九六～一九三三）の『春と修羅』などは、今日の自然共生思想と強く連関している。文学集団白樺派のリーダーの一人だった武者小路実篤《むしやのこうじさねあつ》（一八八五～一九七六）が提唱し拓いた「新しき村」は、現在でも宮崎県と埼玉県でその取り組みが継続されているが、そこでの農業の営みは有機農業である。戦後、多くの人々に読まれ支持されてきた文学の中では、たとえば住井すゑ（一九〇二～九七）の『橋のない川』、水上勉（一九一九～二〇〇四）の『道の花』、石牟礼道子《いしむれみちこ》（一九二七～）の『苦海浄土　わが水俣病』なども有機農業に通じる作品である。

世界救世教の岡田茂吉が日本で最初に「自然農法」を提唱したと先に書いたが、岡田の宗教活動のスタートは大本教であった。大本教の教祖出口なお（一八三七～一九一八）は「お土を大切にしなさい」と説き、その宗教思想は農業重視が基本におかれていた。同教は戦後、民間の農業技術団体として「愛善みずほ会」を設立し、現在も活動が続けられている。「愛善みずほ会」が、現在提唱している農業のあり方も有機農業となっている。

一九三〇年に開教した松緑神道大和山（開祖・田澤清四郎）も自然と農業を重視する教派で、信者には有機農業者が多く、有機農業の資材開発などにも取り組んでいる。

キリスト教系にも有機農業を推進する団体がある。小谷純一（一九一〇～二〇〇四）による全国愛農会もその一つである。小谷は無教会派の内村鑑三の影響を強く受けたキリスト者であり、宗教活動と農業運動を融合した愛農運動を提唱し、その理念の下で農業高等学校を設立し現在に至っている。小谷は当初は近代農業を推進したが、梁瀬義亮との出会

図６　小谷純一
（写真提供：全国愛農会）

い（一九七二年）から、有機農業に転換し、自らも有機農業を実践し、また会でも学校でも有機農業を奨励した。

キリスト教の伝道者養成の場として「農村伝導神学校」（町田市鶴川）が設けられているが、そこには農場が拓かれており、有機農業が取り組まれている。また、栃木県那須ケ原でアジアの農民教育に取り組んでいる「アジア学院」は一九七三年に同神学校から分かれて設立されたものだが、ここでも有機農業が教えられている。

敬虔なキリスト教徒で自由学園の創始者の羽仁《はに》もと子（一八七三～一九五七）の提唱による「友の会」等の生活運動などには、大量消費社会の趨勢に抗し堅実な生活文化を模索したいとする意志が込められており、暮らし方の提唱という面で、有機農業に先行し、伴走する取り組みとも位置づけることができるだろう。

少し歴史を遡れば、戦前期に貧しい人々の友愛を説きキリスト教的社会主義と協同組合的社会を提唱した賀川豊彦《かがわとよひこ》（一八八八～一九六〇）も農業重視の人であり、彼はヨーロッパの独立自営農民を理想として農林複合の「立体農業」を提案した。これも内容的には有機農業であった。賀川の提案に応えた実践は少例ではあるが現在でも続けられている。

有機農業技術に関しては、近代化以前の農業技術から多くのものが継承されてきた。化学肥料や農薬に頼らず、農地の自然と作物の生命力に依存するという有機農業の技術論は近代化以前の時代には誰もが認める農業技術論の王道であった。日本では戦後の農地改革後、一九五〇年代はそうした伝統技術が民間技術として大きく開花した時期だった。このころの民間技術は今日の日本における有機農業技術の重要な骨格をなしている。

図７　賀川豊彦
（写真提供：賀川記念館）

日本の有機農業では農業経営の重要なあり方として有畜複合農業が提唱されてきた。この主張は農業経営形態論としては小農主義の流れを汲むものと考えることができる。有機農業はさまざまな経営形態に適合的な農業のあり方論であり、小農主義だけを基盤とするというわけではないが、しかし、小農論は有機農業の重要な基盤だということは間違いない。小農論はすなわち家族経営論であり、また小規模経営論でもあり、暮らしと自然を重視した風土的な地域農業論でもあった。農業史家の守田志郎（一九二四〜七七）の『農業は農業である』や、民俗学者の宮本常一（一九〇七〜八一）の常民論などとも重なってくる。また、シューマッハーの『スモールイズビューティフル』（一九七三）や適正技術論などの考え方や社会ビジョンともつながっている。小農論の系譜を受け継ぎ、それを現代的にどのように発展充実していくかも有機農業論の重要な課題となっている。

有機農業、世界の流れ

ここまでは、日本での有機農業の提唱と歩みについて概略を紹介したが、有機農業の取り組みは日本だけのことではなく、ほぼ並行して、そしてほぼ個別に、欧米諸国でも進められてきた。

有機農業のもっとも有力な世界的な潮流となっているのが、イギリスの農学者・微生物学者アルバート・ハワード（一八七三〜一九四七）が提唱したOrganic Farmingである。ハワードは、農業技術者として一八九九年に当時イギリスの植民地だったインドに渡り、現地の農法、広くは日本も含めた東洋の農法に学んで新しい技術体系としてOrganic Farmingを提唱した。その技術の中軸には、当時はインドール法（インドールはインド中部の都市名）と名づけられていた堆肥作りが置かれ、菌根菌がつなぐ土壌と作物との共生関係形成の重要性が説かれている。

日本では一九五〇年、ハワードの共鳴者で、Organic Farmingの普及者であったアメリカ人のロデールの著書が『黄金の土』という題名で翻訳、出版された。これがハワードOrganic Farmingの日本での最初の紹介だった。出版元は「健土健民」を提唱していた酪農学園大学で、翻訳者の赤堀香苗はロデール、そしてハワードのOrganic Farmingの世界について、次のように紹介している。

ロデール氏を感激させたハワード卿の理論というのは「健全な物、すなわち病虫害の抵抗性が強く、生育、品質ともに優良で栄養に富む作物は肥沃な土壌につくられねばならない」この肥沃な土壌は万物を土に還す自然の法則によってできるもので、その土壌中には各種の有益な微生物が多く生息し、作物の生育に好適する要素をつくっているのである。このような肥沃な土壌をつくる唯一の方法は、土壌とその中に棲む微生物に必要な動植物性有機物を施すべきで、それはハワード卿が考案した堆肥づくりのほかにはないのである。近代農業が主として頼っている化学肥料には作物に必要な成分が欠乏しているうえ、土壌中で有益な作用を営む微生物を殺してその協力を妨げるから絶対に使用を禁止するのである。

ハワードのOrganic Farmingに関する翻訳書としては、ハワードの『農業聖典』(一九四〇年刊、最新の邦訳はコモンズ刊)、『ハワードの有機農業』(一九四五年、邦訳は農文協刊)、ロデール『有機農法』(一九四五年刊、邦訳『黄金の土』の改訳で農文協刊) などがある。

ヨーロッパにおける早い時期からの別の取り組みとしては、神秘学的な人智学を創始したオーストリアの哲学者ルドルフ・シュタイナー(一八六一〜一九二五)が一九二四年に提唱した「バイオ・ダイナミック農法(BD農法)」がある。シュタイナーは人智学の支持者らによる化学肥料を使わない農業実践を理論化、体系化する形でBD農法を提唱した。そこではドイツのハーバーとボッシュが開発した空中窒素の固定による硫安(窒素肥料)の利用やチリからの硝石の輸入を批判し、農場を一つの有機体ととらえて、化学肥料を使用しない循環型農場の構築を提案している。農事暦など農民たちの伝統技術を評価し、農法の基礎に、月や星、天体の動きと農業を関連づけることを提起している。BD農法は現在でも欧米諸国では幅広く実践されており、国際的な有機認証の枠組みのなかでは有機農業の有力な一形態として認知されている。

途上国での有機農業は、有機農業の本来の理念とは離反して、欧米諸国への特別仕様商品の生産として、欧米側の企業によって外側から組織されてきた例がほとんどだった。そこでは旧植民地国と旧宗主国とのつながりが主流をなしていた。このような有機農産物の国際流通が広がるのは一九九〇年代ごろからで、その段階では、国際流通においてはオーガニック認証が前提になっていた。有機農業は人の手による労働を多く必要としており、途上国における労賃の安さが主な立地条件となっていた。同様のことはアメリカの有機農業の一部にみられた移民労働者の安い労賃での酷使の例などにも認められる。途上国の農業の環境を配慮した発展や、途上国の国民の食生活の健全化、あるいは途上国の農村振興といった発想はそこにはほとんどなかった。

しかし、こうした国際商品としてのオーガニック生産という流れとは別に、たとえば、インドでは伝統的な種子の保全、伝統的な食の保全、伝統的な農

図８　ルドルフ・シュタイナー
（写真提供：NPO法人日本アントロポゾフィー協会）

法の保全などの大切さを強調する哲学者ヴァンダナ・シヴァ（邦訳の主著として『緑の革命とその暴力』日本経済評論社〈一九九七年〉、『生きる歓び』築地書館〈一九九四年〉などがある）が提唱する運動があり、世界的な共鳴の輪が広がっている。中米でも、有機農業を地域での民衆たちの暮らし自立への方策として位置づけていく取り組みも広がっている。また、中国でも、商品生産としての有機農業とは区別される動きとして、農業、畜産、水産などが有機的に結びあった循環型農場のあり方として「生態農業」が提唱され、政府もそれを支持し、各地で取り組みの広がりもある。韓国では前に少し触れたように有機農業は政府の奨励政策のうえで「親環境農業」の重要なあり方と位置づけられ、大きな潮流となりつつある。

3　日本の有機農業の現在

全国推計調査

繰り返して述べてきたように、日本の有機農業は民間からの草の根の取り組みである。長い間、国との関係も良くなかった。そのこともあって政府による統計調査はされておらず、有機農業の全体像はつかみにくい。しかし、二〇〇六年に有機農業推進法が制定され、国としても政策支援をしていくようになり、その一環として実態把握の推計調査事業も取り組まれるようになった。ここではまず、その新しい資料に基づいて現状の「実施農家数」「実施面積」「実施者の年齢構成」について紹介しておこう。

この調査の実施にあたって最初の困難は、対象とする有機農業の定義をどうするかであった。国の制度としてはＪＡＳ法に基づく有機ＪＳＡ制度（二〇〇一年）と有機農業推進法（二〇〇六年）があるが、両者における有機農業の定義はかなり違っている。

表面的にいえば有機ＪＡＳ制度の定義はかなり厳密である。しかし実態をみると様相は単純ではない。有機ＪＡＳの認定は農家の自主的参加を前提としており、参加意思がなく、認定を受けていない有機農家も多数いる。そうした有機ＪＡＳ制度不参加農家には、有機ＪＡＳ制度の定義よりもずっと厳しい基準と到達点の農家も少なくない。

実態として、中核に有機ＪＡＳ認定農家がいて、その周辺に認定を受けていない農家が裾野として存在しているということではない。有機ＪＡＳ制度は販売流通についての制度なのだが、有機農業の成熟度が高く、販売面でも順調になっている農家は、あえてＪＡＳ認定を受ける必要もなくなり、認定制度から離脱していくという流れもある。逆に、有機

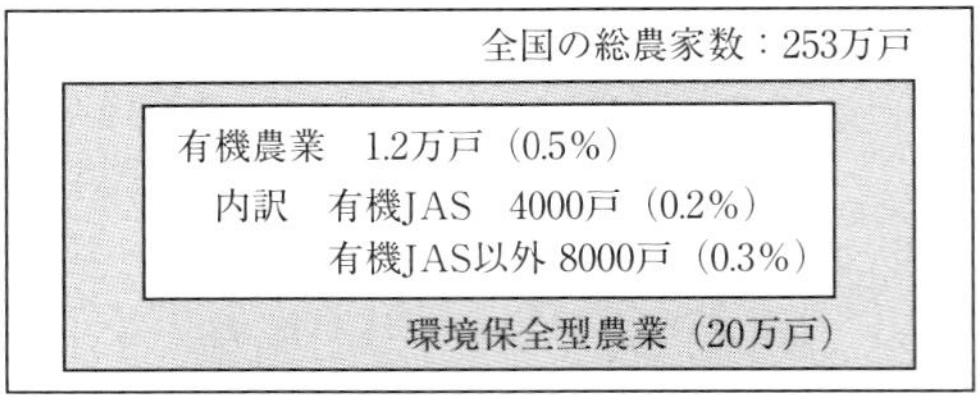

図９　有機農業に取り組んでいる農家数（2010年）

出典：2010年世界農林業センサス，平成22年度有機農業基礎データ作成事業報告書，表示・規格課調べ

表１　有機農家数の推移

年度	2006	2007	2008	2009	2010
有機農家数 （内JAS認定）	8764 （2258）	10045 （3319）	10981 （3830）	11323 （3815）	11859 （3994）
前年度比（%）		114.6	109.3	103.0	104.7

出典：平成22年度有機農業基礎データ作成事業報告書，表示・規格課調べ

表２　国内の栽培面積（2009年）

有機農業	農業全体
1.6万ha（0.4%） 内訳　有機JAS圃場　9000ha（0.2%） 有機JAS圃場以外　7000ha（0.2%）	461万ha（100%）

出典：平成21年耕地及び作付面積統計，平成22年度有機農業基礎データ作成事業報告書，表示・規格課調べ

表３　各国の有機農業面積割合

国名	2011年面積割合（%）	国名	2011年面積割合（%）
イタリア	8.6	韓　国	1.0
ドイツ	6.1	中　国	0.4
フランス	3.6	日　本	0.2（有機JASのみ）

出典：IFOAM「The world of organic agriculture」

農業に取り組んで間もない農家では、販売ルート確立のために有機ＪＡＳ認定に積極的に参加するという動きも認められる。さらには、信用、信頼は国の認定制度によって作られるのではなく、しっかりとした生産実態の構築と生産者と消費者の双方向的な情報交流によって果たせるのだという信念から、有機ＪＡＳ制度に積極的に参加しない有機農家も少なからずいる。

統計的数値の把握といっても実情はかなりややこしいのである。法律的規定に基づいて有機農業の現状を把握するためには、まず、推進法で規定する有機農業を実施している農家という枠組みがあり、そのなかに有機ＪＡＳ認定取得農家が含まれるという理解が必要なのだ。そのうえで数値把握の実際に則して言えば、有機ＪＡＳ認定取得農家と有機ＪＡＳの認定事業には参加していないが有機農業を実施している農家の両方の動向を押さえなくてはならない。

有機ＪＡＳに係わる認定農家数と認定圃場面積はある程度正確に把握できるのだが、この制度は統計調査のための制度ではなく、認定資料には認定農家の個人情報も多く含まれるので、この制度を通じての詳細な実態把握はできないという事情もある。

こうしたことを知ったうえでのことだが、前述の国による推計調査では、第一節で概略紹介したように二〇一〇年段階の全国の有機農業農家数は一万一八五九戸とされている。全国の農家総数は二五三万戸（農林業センサス）とされているから、有機農家の比率はその〇・五パーセントとなる。まだわずかな点的な存在である（図9）。

しかし、動向としては、推進法が制定された二〇〇六年には八七六四戸だったと推計されているから、五年間の伸び率は一・三五倍で、相当な増加傾向である。ちなみに非有機農家も含む総農家数は同じ五年間で〇・八八倍の大幅減少となっている（表1）。

栽培圃場面積の推計は約一・六万ヘクタールで、総農地面積の〇・四パーセントとなっている（表2）。面積比率について海外の数値もある程度把握されている。ヨーロッパで数値が高く、イタリア八・六パーセント、ドイツ六・一パーセントである（表3）。また表では割愛したが、イギリスは四・〇パーセント、北米ではカナダが一・二パーセントだが、アメリカは〇・六パーセントで日本とさして違わない。アジアでは韓国が一・〇パーセントで一番高いようだ。欧米では有機畜産の広大な草地等が面積をかなり押し上げているようである。

話を日本に戻して、有機農家数と有機圃場面積について、有機ＪＡＳ認定取得農家と有機ＪＡＳ認定を取得していない有機農家を区別してみると次のようであった。

農家数では有機ＪＡＳ認定取得農家は約四〇〇〇戸、有機ＪＡＳ認定を取得していない有機農家は約八〇〇〇戸で、比率としては一対二くらいで有機ＪＡＳ認定を取得していない有機農家が圧倒的に多い。動向としては有機ＪＡＳ認定を取得していない有機農家はかなりの増加傾向があるが、有機ＪＡＳ認定取得農家は頭打ちでむしろ減少傾向にある。

圃場面積では有機ＪＡＳ圃場が九〇〇〇ヘクタール、有機ＪＡＳを取得していない有機圃場が七〇〇〇ヘクタールで、有機ＪＡＳ圃場が多い。有機ＪＡＳを取得していない農家の規模が小さい傾向があるのだろう。

ここで有機農業全体についての数値に戻るが、有機農業者の年齢は、平均五九歳で、日本の農家全体の六六歳より若い。年齢構成は、六〇歳以上が五三パーセント、四〇～五九歳が三八パーセント、四〇歳未満が九パーセントとなっている。非有機農家も含む農家全体では六〇歳以上が七四パーセント、四〇～五九歳が二一パーセント、四〇歳未満が五パーセントであった。有機農家でも高齢化は進んでいるが、農家全体の動向とはかなり違っている。

その背景には若い世代の新規参入が有機農業ではかなり顕著だということもあるようだ。最近一〇年の有機農業への新規参入者の平均年齢は四三歳となっている。新規参入者の年齢構成は、有機農家では、六〇歳以上は一五パーセント、四〇～五九歳が四〇パーセント、四〇歳未満が四五パーセントとなっている。有機農業への新規参入者は、さまざまな年齢層に広がっているのである。農業全体での新規参入者については六〇歳以上が二四パーセント、四〇～五九歳が三九パーセント、四〇歳未満が三七パーセントで、一般の慣行栽培農家の場合には新規参入者についても高齢化している。

慣行農業農家の有機農業への転換はまだ多くはないが、転換農家の平均年齢は五五歳で、これも有機農家の若返りに少し寄与している。

今後の可能性については次のようなデータもある。農業への新規参入希望者向けのガイドイベントとして定着した行事となっている「新・農業人フェア」での参会者アンケートでは二八パーセントが「有機農業をやりたい」、六五パーセントが「有機農業に興味がある」と答えているし、一般農家を対象とした国による調査でも四九パーセントが「条件が整えば取り組んでみたい」と答えている。さらに消費者アンケートでも四四パーセントが「有機農産物を購入している」、五五パーセントが「一定の条件がそろえば購入したい」となっている。こうしたデータからすれば、政策的な取り組み次第で有機農業はこれからかなり拡大していく可能性もあると判断できるようだ。

有機農業推進法とは

有機農業の現状を示す数値はおおよそ以上のようなものである。全国的に見れば、まだ点としての存在ではあるが、その趨勢ははっきりとした増加の方向にある。とくに農業離れが著しいとされる若い人たちの間での有機農業志向の高まりは注目される。これらの新動向は、有機農業者や関係者の長年の草の根での取り組みの成果であり、また、環境問題や食の安全性への不安などの社会情勢の展開などの反映でもある。しかし同時に、二〇〇六年の有機農業推進法の制定も大きく寄与している。

前節でも少し紹介したが、この法律は、「管理はするが奨励はしない」という従来の（有機ＪＡＳ制度発足以降の）国の政策を「国民の期待に応えて有機農業奨励の方向に舵を切れ」と国に政策変更を求めた議員立法だった。超党派の有機農業推進議員連盟（初代の会長は自民党の谷津義男氏、事務局長は民主党のツルネン・マルテイ氏）からの提案として国会に上程され、参衆両院の全会一致の賛成で成立した。有機農業推進の基本的あり方を規定した法律として、内容は今読み返してもとてもしっかりしている。議員連盟の設立趣意書は力のこもった文書であり、立法の志を示すものとして本章の資料に収録しておいた。法律の概要を紹介しよう。なおこの法律の制定過程等の詳細については拙著『有機農業政策と農の再生』（コモンズ、二〇一一年）にまとめてある。あわせて参照頂きたい。

有機農業推進法は全一五条の短い法律で、国の有機農業推進政策の枠組みを規定した基本法的性格のものである。特徴としては次の五点を指摘できる。

① 理念法

政策推進の前提として有機農業推進の理念を掲げている。この点は先行して施行されていた有機ＪＡＳ制度が、有機農業の社会的意義や推進理念に踏み込まず、有機農産物の規格基準の制定から開始されたことと対比的なものと理解できる。

② 国と自治体の責務としての有機農業推進

有機農業推進は、国と地方自治体の責務であると定めている。国だけでなく、市町村を含めた地方自治体の責務でもあると定めた点は注目できる。

③ 具体的政策項目の明確化

そのために必要な政策項目として、「有機農業者等の支援」「技術開発等の促進」「消費者の理解と関心の増進」「有機農業者と消費者の相互理解の増進」「調査の実施」「国及び地方公共団体以外の者が行う有機農業推進のための活動支援」「国の地方公共団体に対する援助」「有機農業者等の意見の反映」の八項目が指定された。

④　有機農業者等との連携

国と地方自治体は有機農業推進を有機農業者等の民間セクターとの協働で進めなければならないと定めている。民間との協働による有機農業推進という行政のあり方規定はこの法律の際だった特質となっている。

⑤　総合的政策方針の策定とその計画的推進

国や自治体は有機農業推進に関して政策と計画を持つことが定められた。国は「有機農業推進基本方針」を策定しなければならないとされ、都道府県は国の「基本方針」をふまえて「有機農業推進計画」を定めるようにつとめなければならないと規定された。

有機農業推進法のこれらの特色について順を追って具体的な条文を抜き出してみよう。

① 第三条 基本理念

まず、有機農業推進の理念であるが、農業生産のあり方と消費のニーズの両面から位置づけ、さらに有機農業推進には消費者の理解の促進が重要だと規定している。

農業生産のあり方については、有機農業の積極的意義について、「自然循環機能（農業生産活動が自然界における生物を介在する物質の循環に依存し、かつ、これを促進する機能をいう。）を大きく増進し、農業生産に由来する環境への負荷を低減するもの」と規定している。

消費者ニーズに関しては、「消費者の食料に対する需要が高度化し、かつ、多様化するなかで、消費者の安全な農産物に対する需要が増大している」と述べ、さらに有機農業は「このような需要に対応した農産物を供給に資する」ものだと述べ、だから「農業者その他の関係者が積極的に有機農業により生産される農産物の生産、流通又は販売に取り組むことができるようにするとともに、消費者が容易に有機農業によって生産される農産物を入手できるようにする」と政策のあり方を規定している。

また、消費者の有機農業と有機農産物への理解を促進することが必要で、そのためにも「有機農業を行う農業者（以下、「有機農業者」という）その他関係者と消費者の連携の促進」が必要だとしている。

②　第四条　国及び地方公共団体の責務

次に国や地方自治体（法律用語としては地方公共団体）の責務については「国及び地方公共団体は、前条に定める基本理念にのっとり、有機農業の推進に関する施策を総合的に策定し、及び実施する責務を有する」と規定している。

さらに、有機農業の推進は、有機農業者等との協力を得つつ進めなければならないとして、「国および地方公共団体は、農業者その他の関係者及び消費者の協力を得つつ有機農業を推進するものとする」と述べている。

③　第五条　法制上の措置等

国は有機農業推進の政策実施のための法制上、財政上の措置を講じていくことを義務づけている。「政府は有機農業の推進に関する施策を実施するため必要な法制上又は財政上の措置その他の措置を講じなければならない」。

④　第六条・第七条　国の基本方針と都道府県の推進計画

また、国は有機農業推進のための「基本方針」を策定し（第六条）、また都道府県は国の「基本方針」をふまえて、それぞれの有機農業「推進計画」を策定することに務めなければならない（第七条）と規定している。

⑤　第八条～第一五条　具体的政策項目

国や地方自治体が有機農業推進のために実施すべき具体的な政策項目については次のように定めている。

・有機農業者等の支援（第八条）

有機農業者及び有機農業を行おうとする者の支援のために必要な施策を講ずるものとする。

・技術開発等の促進（第九条）

有機農業に関する技術の研究開発及びその成果の普及を促進するため、研究施設の整備、研究開発の成果に関する普及指導及び情報の提供その他必要な施策を講ずるものとする。

・消費者の理解と関心の増進（第一〇条）
有機農業に関する知識の普及及び啓発のための広報活動その他の消費者の有機農業に対する理解と関心を深めるために必要な施策を講ずるものとする。
・有機農業者と消費者の相互理解の増進（第一一条）
有機農業者と消費者の相互理解の増進のため、有機農業者と消費者との交流の促進その他の必要な施策を講ずるものとする。
・調査の実施（第一二条）
有機農業推進に関して必要な調査を実施するものとする。
・国及び地方公共団体以外の者が行う有機農業推進のための活動支援（第一三条）
国及び地方公共団体以外の者が行う有機農業の推進のための活動の支援のために必要な施策を講ずるものとする。
・国の地方公共団体に対する援助（第一四条）
国は地方公共団体が行う有機農業の推進に関する施策に関し、必要な指導、助言その他の援助をすることができる。
・有機農業者等の意見の反映（第一五条）

有機農業の推進に関する施策の策定に当たっては、有機農業者その他の関係者及び消費者に対する当該施策について意見を述べる機会の付与その他当該施策これらの者の意見を反映させるために必要な措置を講ずるものとする。

有機農業推進基本方針の策定と改定

国は、法律制定を受けて二〇〇七年一月から有機農業推進基本方針の策定作業を開始し、四月には同方針（第一期基本方針、おおむね二〇〇七～一一年の五年間）を策定し公表した。対応は迅速であった。

第一期基本方針の全体としての特色は、これまで国や地方自治体としては有機農業推進にほとんど何も取り組んでこなかった現実を率直にふまえて、この期間は、できるところから推進に取り組みつつも、全体としては有機農業推進のための「条件整備期間」と位置づけたことである。これは現状をふまえた、落ち着いた対応と評価できるものだった。

都道府県においては、国の「基本方針」を受けて「有機農業推進計画」の策定作業が進められ、一二年度末にはすべての都道府県で計画策定が完了している。都道府県の推進計画では地域の有機農業者、消費者、関連事業者等との協働体制構築が重要課題とされており、計画策定作業は、都道府県当局と有機農業関係者とのコミュニケーションを促すことにもなった。それぞれの地域における有機農業実態調査なども幅広く実施され、地域の有機農業の実像把握も進められるようになっている。

こうした「基本方針」に基づく国の具体的施策としては、二〇〇八年度から有機農業総合支援対策が実施され、小規模ながら財政投入による有機農業支援施策が開始された。同対策は、総合支援の名の通り、内容は多岐にわたるが、なかでも「地域有機農業推進事業」いわゆる「有機農業モデルタウン事業」の実施効果は大きかった。〇九年度には全国五九箇所でこの事業が取り組まれた。

有機農業は、これまで志ある農業者とそれを支援し有機農産物を尊い食べ物として食べていこうとする消費者の連携によって維持され、発展が作られてきた。言い換えれば有機農業は主として強い二者的関係性によって支えられてきたとも言える。ここに、これまでの有機農業の強さと狭さがあった。

しかし、有機農業推進法が制定されて、そこでは有機農業は一部の有志だけでなくすべての国民に利益をもたらす農業のあり方として位置づけられるようになった。このような新しい時代的段階において提起されてきた象徴的な施策が「有機農業モデルタウン事業」

であり、それとも連動して全国的に創造的に展開を開始してきた「地域に広がる有機農業」「有機の里つくり」などの取り組みだった。

地域には有機農業者もいれば多数の非有機農業者もいる。有機農産物を食べている消費者も、有機農産物を食べていない消費者も大勢いる。多数の非農業の産業も展開している。そうした多様な住民、多様な産業が生きている地域において、有機農業の広がりが共通した便益を地域にもたらしていく。多様な価値観、農業観を認め合い、そのうえで、地域と地域農業の今後のあり方として有機農業を積極的に位置づけていく。

そこでは地域の自然、地域の風土を、未来に生かしていこうとする地域づくりの新しい方向が模索されている。また、有機農業の展開を地域における新しい公共性の形成という政策展望のなかで位置づけていくという視点も求められるようになっている。

有機農業に期待される公共性としては次の諸点が挙げられるだろう。

① 地域の自然との関係で、地域の自然とも結び合う自然共生型農業として。

② 地域の食のあり方との関係で、地産地消、身土不二の理念の下で、望ましい食を作るため。

③　自然共生型の地域づくりとの関連で、自然共生を志向する新しい地域作りのため。
④　次の世代の子供たちを育てるため、子供たちに農と命と地域を伝え、地球人として育つことを願って。
⑤　新しい時代の暮らし方として、自然とともにある自給的な暮らし方を拡げるため。

こんなあり方が「地域に広がる有機農業」「有機の里づくり」などの取り組みから生まれてきている。

「地域に広がる有機農業」はおおよそ市町村くらいの範囲での取り組み、すなわち人々の暮らしの場での取り組みとしてとして模索、展開している。国の「基本方針」で言えば市町村としての有機農業の推進体制の整備という課題と対応している。有機農業推進のもっとも重要な焦点は市町村としての取り組みにある。しかし、残念ながら現実にはまだ先進事例が生まれ始めたところで、これからの広がりに期待する段階である。

普段着の有機農業

ここで「地域に広がる有機農業」の優れた事例として島根県浜田市弥栄《やさか》自治区での取り

組みを紹介しておこう。

ここは旧弥栄村で、一九五〇年代までは五〇〇〇人余の人口を擁していたが、その後、過疎化が進み、二〇一〇年には一五〇〇人にまで減少し、高齢化率は四〇パーセントを越える過疎山村である。主な産業は農林業であるが、農業は、ほとんどが零細な自給的なもので、産業的な農業の展開は限られている。林業の低迷はもっと深刻である。こうしたなかで、地域振興の政策方向は自給的な農業と産業的な農業をつなぐこと、大勢のお年寄りたちと数少ない若い住民をつなぐことであり、そのつなぎ役として有機農業に期待が寄せられている。有機農業は地域の資源を活かす農業であり、自給的農業と産業的農業の両面への展開が可能で、また、Iターン、Uターンの若者たちも有機農業に結集しつつあり、自給的な農業を営むお年寄りたちと地元で生きようとしている若い世代をつなぎ、地域に新しい活力を作り出そうとする期待に適合しているというわけである。具体的には「兼業農業研修事業」「やさか有機の学校」などが取り組まれている。そうした地域の実情と密着して取り組まれている有機農業のあり方は「普段着の有機農業」と名づけられている。

自治区発行のリーフレット「山村だからこそ、有機農業」には、「(有機農業は)たんに農薬や化学肥料を使わない農業ではなく、その認証を受ける栽培技術でもありません。人と人、人と自然のつながりのなかで、自給を基本に安全でおいしいたべものをつくり、暮らしと生業《なりわい》が両立する、農業本来の姿が有機農業です。豊かな自然と人のつながりが残る山村だからこそ、有機農業は活かされるのです」と記されている。そして試行錯誤のなかから「たべものの自給」→「人と土の健康」→「生業」→「有機的つながり」→「自然との共生」という連鎖が作り出されてきている。

なお、島根県山村における有機農業の取り組みについては井口隆史、桝潟俊子編著『地域自給のネットワーク』（コモンズ、二〇一三年）にまとめられている。あわせて参照頂きたい。

オーガニックフェスタの広がり

有機農業推進の市町村くらいの範囲を対象とした新しいモデルが「地域に広がる有機農業」だとすれば、都道府県の単位での新しい取り組みのモデルとして「オーガニックフェスタ」の取り組みがある。

これは年に一度の「都道府県有機農業祭」のような催しである。生産者と消費者が実行委員会を作り、そこに関連業者や行政も支援に加わる。農産物や加工品の販売、有機農業の展示やシンポジウム、音楽や映像、そして語らいと交流の広場の設置、など多彩で楽しいお祭りだ。

「地域に広がる有機農業」が、点としての有機農業を地域における面としての取り組みに広げていくものだとすれば、都道府県単位で進み始めた「オーガニックフェスタ」は点在する生産者、消費者、関係業者等が、都道府県単位で出会い交流していく取り組みである。有機農業の面的展開のための入り口と位置づけられるようだ。

オーガニックフェスタの取り組みでは、若い世代の生産者と消費者の参加がとくに目立っている。実行委員会の構成も、どの県でも若い世代が中心となってきている。一般参加者も小さな子供連れの家族がいちばん多くなっている。自然とともにある農業、安全性と美味しい農産物に若い家族の関心が高まっていることがよく表れている。

まず、鹿児島で先進例が作られ、北海道(札幌)がそれに続き、東北では秋田、山形、岩手、福島、関東でも茨城で取り組まれている。鹿児島、北海道、岩手では一万人を越える参加、その他の県でも数千人の参加者があって、盛況である。少しの補助金が使われる例もあるが、ほとんどは関係者のボランティアで、経費としても独立採算で運営されている。

秋田ではオーガニックフェスタの開催趣旨として次の四点を掲げている。

①　有機農業に取り組む生産者を掘り起こし、生産者のネットワークを作る。
②　有機農業に取り組む生産者と、安全な農産物を求める消費者・実需者が出会う場を作る。
③　有機農業の価値観（自然とのつきあい、暮らし方、食べ方などを含む）を広めるとともに、有機農業に関心を持つ人を増やす。
④　そのためにフェスタを今後継続して開催するとともに、県内各地での開催を支援する。

このような都道府県単位で進んでいるオーガニックフェスタの取り組みには、市町村単位で進む「地域に広がる有機農業」とは少し異なった政策的意義がある。

まず第一に、これまでの有機農業は他の慣行農業と同様に、大都市と遠隔地の産地の連携で進められ、そうした取り組みを、中間の流通組織が媒介していくという場合が多かった。生産県の場合には地元の県内での生産者の連携や、地元消費者への販売が案外進んでいないという現実があった。「身土不二《しんどふじ》」「地産地消」を提唱する有機農業が、実態としては大都市指向となってしまっていたのだ。しかも大都市指向の農産物の生産流通は有機農産物に関しても深刻な行き詰まりに直面していた。

オーガニックフェスタは有機農業のそうした現状のあり方を「身土不二」「地産地消」の原点をふまえた方向に切り替えていくうえで明るいきっかけとなりつつある。オーガニックフェスタの準備と当日の賑わいのなかで、生産者が出会い、消費者が出会い、都道府県という単位で新しい関係性が作られつつあるのだ。

第二に、取り組みの主体に、生産者も消費者も、そしてレストランなどの関係者にも若い世代が多く、また来場者も子供連れの若い夫婦の姿が目立ち、有機農業の世代交代が大きく促進されてきている点である。有機農業には若い世代の思いが集まってきており、しかし、それは点在していたが、オーガニックフェスタの場で、点と点が出会うことができたということだろう。そして、予感としては点の存在密度は案外濃いかもしれないと思わせているのである。そこにある賑わいは、一つの社会的な流れを作り出しつつある。

第三は、有機農業推進の中心はもちろん農業と食をつなぐ取り組みだが、オーガニックフェスタでは、それだけでなく自然を大切にする有機農業の精神を活かした生活用品、衣服、インテリア、などが出品され、また、有機農業の映画上映、有機農業に賛同するミュージシャンの演奏、地域の環境問題展示など有機農業を暮らし方、ライフスタイルとしてとらえていく流れが広がってきている。会場にはモノの売り買いを越えて、有機農業の幅広い理念がわかりやすく示されている。こうしたオーガニックフェスタの取り組みは地域の自然と地域の資源を活かした新しい暮らし方を支える地域社会や地域経済の組み立て直しへの契機を含んでいるようだ。

有機農業倍増計画

以上のような第一期基本方針に基づく国の施策と、それに対応した自治体や民間の取り組みは、順風満帆とまでは言えないが、国と民間が対立を続けていたかつてと比べれば、おおむね順調な滑り出しだったと評価できるだろう。途中でもっとも有効性の高かった「有機農業モデルタウン事業」が民主党政権の事業仕分けによって理不尽に廃止されるという黒雲も立ち現れたが、その後、有機農業団体等からの批判と要請もあって、政策推進の方向は推進法をふまえてある程度の原点回帰もなされつつある。

第一期基本方針ではその実施期間はおおむね五年とされていたが、少し長引いてすでに七年が経過しようとしている。今、遅ればせながら改訂作業が進められており、二〇一四年度からは第二期基本方針に移行するようである。第二期基本方針の内容は審議中だが、おおむね第一期を継承しつつ、条件整備期間から本格実施期間への移行を明確にするようである。具体的には農業全体の〇・四パーセントという有機農業面積の比率を五年間で一パーセントにまで増加させるという数値目標が明示されるようだ。有機農業倍増計画である。今後の展開を期待したい（第二期基本方針は二〇一四年四月二五日に策定された）。

環境保全型農業直接支援対策

以上は、有機農業推進法に基づく施策の概要だが、これとは少し違った政策体系、すなわち地域の資源と農村環境を守ろうとする政策体系の一環として、有機農業も含む環境保全型農業への直接支払い制度が二〇一一年度からスタートしている。正式名称は「環境保全型農業直接支払交付金」制度で、農家の取り組み行為に対して国と都道府県が協働して直接支払いをする制度である。有機農業の場合には要件に合致すれば一〇アール当たり八〇〇〇円（そば等雑穀・飼料作物は三〇〇〇円）が農家に支払われる。二〇一二年度の実施面積は一万四四六九ヘクタールで（一一年度は一万一二五八ヘクタール）、先に紹介した有機農業圃場の推計面積は一万六〇〇〇ヘクタールだったので、かなりの部分がこの制度でカバーされてきているようだ。

制度の原型は二〇〇七年にスタートした「農地・水・環境保全向上対策」で、二〇一一年度より同制度から分離し、この制度となった。この制度では、農業のあり方として環境保全にとくに効果が高い取り組みとして「カバークロップ等（リビングマルチ・草生栽培を含む）」「冬季湛水管理（水田）」「有機農業（化学肥料・農薬無使用）」の三つが挙げられ、さらに地域の事情にあわせて「地域特認取組」が加えられている。「カバークロップ等」「冬季湛水管理」「地域特認取組」については化学肥料と農薬五割削減とのセットが要件となっている。

実施面積の合計は四万一四三九ヘクタールで「有機農業」は全体の三五パーセントを占めている。その他の内訳は「カバークロップ等」が一万一三四四ヘクタールで二七パーセント、「冬季湛水管理」が七〇七九ヘクタールで一七パーセント、「地域特認取組」が八五四七ヘクタールで二一パーセントとなっている。

有機農業等への直接支払い制度は、ＥＵでは以前から基本政策とされており、日本でもその導入が強く期待されていた。支援金額の水準はまだ低額であるが、効果のある政策として歓迎されている。この制度は二〇一四年に「日本型直接支払制度」として再編拡充され、さらに「多面的機能発揮促進法」の成立で、法律に基づく制度となり、二〇一五年四月から実施されている。

問題点としては、直接支払いの政策論としての根拠に関することと支払い対象行為の選定に関することの二点を指摘できる。

政策の理論的根拠については、環境保全活動には経費がかかり、また減収を伴うことがあるのでその部分を国や自治体が支援をするという論理が採用されている。これはOECDが提唱した政策理論で、EUもそれにならっている。しかし、この政策論には、有機農業をはじめとする環境保全型農業の意義やそれへの積極的な転換誘導という論理は明確には示されていない。そのため、経費がかからず減収しない対応、実はこうした対応こそが本来もっとも望ましくそれが本来の生産力形成のあり方なのだが、それについては支援しないという奇妙な政策対応が作られてしまっている。

また、支援対象となる行為の選定についても、有機農業は明確なのだが、それ以外の行為については、選定の根拠があいまいで、年度によって対象行為のリストが変更されてきた。事前検討の不十分さを感じざるをえない。環境保全型農業への転換は安定した体制として実現していくことがとくに重要であるのに、現実にはその点が揺らいでいるのである。

せっかくの政策導入であるにもかかわらず、なぜこのようなことになってしまうのかと言えば、答えは簡単で、国は日本農業の有機農業をはじめとする環境保全型農業への転換をまだ本気では考えていないからなのだ。国の政策は依然として近代農業の推進が基本となっており、有機農業をはじめとする環境保全型農業への転換は、それと大きく矛盾しない範囲で副次的に取り組むというあり方から脱却できていないのである。

有機ＪＡＳ制度の現在

本節では、有機農業推進の基本法制として有機農業推進法についてくわしく紹介した。しかし、一般消費者にとってのある程度のお馴染みは、農産物等に添付されている「有機ＪＡＳ」のシールだろう。本節の最後にこの有機ＪＡＳ制度の仕組みについてアウトラインを紹介し、あわせて問題点のいくつかを指摘しておきたい。

ＪＡＳ（Japanese Agricultural Standard）制度は、農産物や食品の規格と表示についての法制度である。法律名は「農林物資の規格化及び品質表示の適正化に関する法律」というもので、最初の形は一九五〇年に制定された。戦後の食料危機がある程度解決し、安定した食料供給体制を作るために規格等の標準化と不正防止等を図ることを目的に制定さ

図10　有機JASマーク

れたもので、戦後まもなくの時代状況に対応すべく作られた法律だった。だから、高度経済成長以降の豊かさの時代には馴染まず、何度も廃止が噂されてきた法制度だった。

ところが、一九九〇年代ごろから、食料消費の高度化とグローバル化の進展のなかで、付加価値生産とその表示が、ルールが不明確なまま多彩に進むようになり、製法、流通、消費にもさまざまな混乱が生まれてきていた。そうした事態への対応として新しい付加価値農産物、付加価値食品等についての表示の法制度が必要とされるようになってきた。そこでこの法律に新しい役割が付され、一九九九年にその方向で大改正がされた。法律の通称としても「ＪＡＳ法」が定着した。

一九九九年大改正の目玉として位置付けられたのが「有機ＪＡＳ制度」の創設だった。健康に良い付加価値農産物として有機農産物の人気が高まり、また、グローバル化の進展のなかで国際商品としての有機農産物流通も広がり始めていた。国内的にも表示の混乱があり、かつ、国際的にも「規格基準の国際的標準化」と「第三者認証制度の導入」が広がりつつあるという事情もあった。「規格基準」とは有機農業の定義や栽培方法として守るべき基準のことであり、「第三者認証制度の導入」とは取引の当事者同士（第一者と第二者）ではなく、利害関係から独立した第三者による客観的な認証（規格基準に適合しているかどうかの判断と証明）制度の導入のことで、その信用を国や国際機関がサポートするというあり方のことである。有機ＪＡＳ制度の創設はそうした状況への対応を狙ったものだった。

有機農産物の「規格基準の国際的標準化」と「第三者認証制度の導入」は一九八〇年代にヨーロッパ諸国で、連動してアメリカで、まず民間の取り組みとして進展し、それが各国の、そしてＥＵとしての法制度ともなっていた。こうした欧米諸国の動向をふまえて、一九九一年にコーデックス委員会（ＦＡＯ／ＷＨＯ合同食品規格委員会）でオーガニックガイドラインの審議が開始され、一九九九年にコーデックスとして合意承認され、これが正式に国際標準となった。

有機ＪＡＳ制度はこうした国際動向に即時に対応しようとした新規の制度創出だった。ＪＡＳ法改正でそのための法的根拠を制定し、続いて施行規則や政令等制定するなどの、社会的な制度構築の準備が必要だった。

制度構築の措置としては、有機農産物をＪＡＳ法に基づく「指定農林物資」に指定すること、有機ＪＡＳ規格の設定、有機ＪＡＳマークの確定、民間の登録認定機関の制度構築と民間機関の設立・認可、認証の基準やシステムの確立、民間の登録認定機関の管理監督体制の整備などがあった。これらの急仕立ての準備を経て、有機ＪＡＳ制度は二〇〇一年にスタートした。

二〇〇一年以降、日本では「有機農産物」と直接表示して販売するためには、例外なく有機ＪＡＳマークを添付しなければならなくなった。マークを添付せずに「有機農産物」と表示して販売した場合には罰則が与えられるという厳格な制度である

有機農業の規格基準とは、化学肥料、農薬、遺伝子組換えなどを使用せず、混入しないように管理されているという趣旨のもので、その詳細は「有機農産物のＪＡＳ規格」として定められており、農水省のホームページで誰でも見られるようになっている。

この制度の特徴は、栽培方法、管理方法、加工方法に関する規格準拠を認証するシステム認証制度だという点である。有機農産物はそのものを分析しても有機農産物としての証拠が出てこない。有機農産物は、農産物の製品内容ではなく、栽培等のプロセスのあり方に特色があるのでそれを記録に基づいて証明しようということなのだ。

しかし、栽培等のプロセスをしっかり証明することはかなり難しい。そこで考案された方式が書類システムの構築を軸とした第三者認証制度である。前提として予め公的な規格基準を明確に定め、表示を希望する生産者は自主申請して記録書類を作成し提示し、その内容が基準に適合していることを第三者機関から認証を受ける（書類資料の点検と現地確認）。その前提として第三者認証機関は国から認定を受ける（認証業務を適切に実施できる体制と能力があることを確認したうえでの認証組織の認定）という一連の仕組みである。有機農業認証のこうしたシステム認証のやり方は主としてヨーロッパで考案され、コーデックス委員会でも追認されている。

欧米の農業は農場制で、農地は一箇所にまとまっていて、生け垣などで囲われて他と明確に区分されている場合が多いので、上述の認証の実際のプロセスは比較的簡単で済む。しかし、日本の場合には、小面積の圃場が村のなかで入り組んで散在している（これを専門的には「零細分散錯圃制」と呼んでいる）ので、その一枚一枚が明確に区別されて有機農業の基準通り営農されていることを確認することは、たいへん複雑で手間のかかる作業である。

難しさの一つとして、周りに慣行栽培の圃場がある場合にはそこから化学肥料や農薬が飛散、流入していないかどうかの確認がある。その防止策としては、周りの慣行栽培圃場との間に一定幅の「緩衝地帯」を設ける、慣行栽培の田んぼからの灌漑水の流入を防ぐ、などの措置がとられている。

また、化学肥料や農薬は使わないことが原則なのだが、圃場内の循環だけでは生産力の維持がどうしても難しい場合や大きな気象災害などで作物が壊滅的な被害に晒されることが予測される場合には、例外的に使用できる肥料、土作り資材や農薬などのリストも定められている。そこから有機ＪＡＳシールは完全な意味での化学肥料や農薬の無使用を証明するものではないとの批判も一部ではされている。

有機農業の管理を開始しても、しばらくは化学肥料や農薬が圃場に残留している恐れがあるという判断から、栽培開始一年目は有機に関して何も表示しない、二年目は「有機農産物（転換期間中）」という表示、三年目からは「有機農産物」という表示ができることになっている。

農家がこの制度に参加するには、まず、認証機関等が開催する講習会に参加し、農場としての有機農業実施の規定と管理のための組織体制を定め、圃場ごとの管理来歴と品目別の栽培計画を認証機関に提出し、書類審査を受け、さらに栽培終了後に、栽培経過について記録に基づいてその内容の現地確認を受け、有機ＪＡＳの格付けをしてシールを添付し、そのシールの枚数等も記録管理する、ということになる。かなりの手間だがそのための費用はすべて生産者負担である。

このような有機ＪＡＳ制度はスタートしてすでに一〇年余が経過している。当初に問題とされた市場での有機表示の混乱は一応収まっている。しかし、この制度への社会的評価は良くない。消費者の認知度もあまり高くない。

有機農産物への消費者の選好は、たんにシールによって先導されるというものではない。それは有機農業への理解、生産者との顔の見える関係、連携の継続などによって支えられてきた。しかし、この制度は、有機農産物流通を支えてきたそうした諸関係との関連はほとんどなく、むしろ関連しようともせずに運営されてきた。そのため有機農産物の根強い支持者たちをこの制度の周りに結集しにくくしている。生産者にとっても、手間と経費だけが増えて、メリットがあまり確認できないという状況が続いており、前にも述べたように、その参加農家は減少傾向にある。

表示の適正化、明確化は重要だが、有機農業の推進や普及への意図を欠いて、厳格な表示だけを生産者負担で進めてきている不人気なこの制度は、根本からの見直しが求められているように思われる。

この制度の実績資料からは、制度の別の側面も見えてくる。実は、この制度に導かれて輸入有機食品が増大しているのである。たとえば農水省のホームページには「平成二三年度認定事業者に係る格付実績（平成二五年九月三〇日訂正）」という表が添付されている。それによると二〇一一年度の有機ＪＡＳの格付けは、有機農産物については、国内が五万八四四四トン、海外が九三万一八五六トン、海外での格付け品の内日本に輸入されたものが六万八七四一トンとなっている。有機加工食品については、国内が九万六五二トン、海外が一九万一〇六一トン、海外での格付け品のうち日本に輸入されたものが四万九五一五トンとなっている。有機ＪＡＳ制度に基づく格付け総量で見れば、有機農産物は海外が国内の一六倍、有機加工食品は海外が国内の二・一倍となっている。

先に書いたように、この制度創出は、国内的な必要性もあったのだが、より広い視野からすれば、グローバル化の下で拡大する有機農産物貿易の国際標準化の流れに沿って作られたものだった。制度の仕組みを確定したのはＷＴＯ（世界貿易機構）のコーデックス委員会だったが、それを実質的にリードしたのはＩＦＯＡＭ（国際有機農業運動連盟）だった。一九八〇年代末ごろから一九九〇年代にかけての時期にＩＦＯＡＭを主導した人々には、有機農産物の国際貿易関係者やその影響を強く受けていた人々が多く含まれていた。「身土不二」「地産地消」を本旨としていたはずの有機農業の国際的運動団体のあり方としては強く批判されるべき状態だったと言わざるをえない。

農家と研究者が集う有機農業学会

有機農業の明るい未来を拓くために「有機農業学」の確立を目指すユニークな学会がある。日本有機農業学会だ。

二〇一三年一二月には仙台市の東北大学で研究大会が開催され、大勢の研究者と農家が集い、有機農業学について熱く論じた。大会のテーマセッションは「有機農業と自給の今日的意義と課題」「有機農業における微生物との共生」「有機農産物の地域内消費の拡大を目指して」の三つだった。「自給」のセッションでは詳細な調査をふまえて「自給こそ農の原点だ」と報告され、「微生物共生」のセッションでは「無肥料、無農薬で作物が元気に育つのは土のなかで微生物共生系がしっかりと展開しているからだ」とする最新の研究成果が発表された。「地域内消費」のセッションでは仙台の地で農と食をつなぐ活動を続けている農家と若い消費者がその取り組みと思いを語り合った。

年一回の研究大会は、毎年一二月に各地の持ち回りで開催され、二〇一二年は東京、二〇一一年は札幌で開催された。二〇一四年は島根県松江市で開催されることになっている。その他にも年数回の地方集会も開催されている。

この学会の特徴は、有機農業についての最新の研究成果が持ち寄られることはもちろんだが、その成果を農家や市民を交えてオープンに論じあうところにある。老若男女、さまざまな人たちが集い有機農業について熱心に語り合われている。その成果は『有機農業研究』という学会誌に収録されている。

この学会の社会的貢献としては、有機農業推進法について有機農業推進議員連盟に協力して、その法律試案を提言したことが挙げられる。実際の法律文案は議連が作成したが、その下敷きには学会の試案があった。学会試案では有機農業推進の理念明確化と総合的政策推進のために「政策の束」が必要だと強調されていた。

学会の役員もユニークな構成となっている。会長は澤登早苗さんという女性の研究者（恵泉女学園大学人間社会学部）で、実家は有機ブドウの先駆者、東京の多摩市にある勤務先の大学には農場もあって有機園芸を教えている。副会長は大山利男さんと長谷川浩さんで、大山さんは東京池袋の立教大学経済学部で経済政策論を講じている。長谷川さんは少し前までは国の独立行政法人の試験研究機関で長く有機農業技術の研究をしていたが、三・一一大震災と原発事故を契機に職を辞して福島の山村に移住し、福島農業復興に力を尽くしている。事務局長は嶺田拓也さんで、国の独法試験研究機関で、有機農業の視点から雑草の生態研究に取り組んでいる。また理事には先端的な有機農業者である舘野廣幸さん（栃木県）、松沢政満さん（愛知県）らも名を連ねている。

有機農業に関心のある方ならどなたでも参加できるオープンな組織なので、ぜひ覗いてみてほしい（学会ホームページ　http://www.yuki-gakkai.com/　二〇一四年一二月一九日閲覧）。

4　有機農業の技術とその世界

だんだん良くなる有機農業

私の専門は総合農学・農業技術論で、長い間農の現場を歩くことを仕事としてきた。有機農業とはじめて出会ったのは一九七四年の夏で、場所は山形県高畠町だった。そこでは農業青年たちが、青年団を主な場として、農家と地域が進むべき道として、小規模複合経営と有機農業について熱く語り合い、実践的挑戦を始めたころだった。彼ら彼女らのみなぎる熱意に深く感銘した。

それから四〇年、ずいぶんあちこちの農家を訪ね、丹精込めた田畑や作物・家畜の様子を見せて頂いてきた。

そこには苦難の場面も、豊饒の場面もあった。各地で見聞したさまざまな農の姿を振り返り強く感じるのは、有機農業は年々の積み重ねのなかで、変化し、成熟していく営みだということだ。

土はだんだん良くなり、作物や家畜の育ちも自然な健康さが基本になるようになり、周囲の自然との調和もだんだん良くなっていく。もちろん作柄の変動はあり、豊作もあるが、うまくいかない年もある。圃場による違いもかなりある。だから、その時その時の評価としては、成功もあれば、失敗もある。しかし、たとえば一〇年くらいの時間軸をとってみれば、成功の取り組みも、失敗の取り組みも、いずれも農の歩みとして蓄積され、落ち着いた成熟が感じられるほどになっている。

有機農業以外の農の現場の様子と対比してみると、これはかなり特異なことだ。もちろん、有機農業以外の現場でも「成熟」を実感することはある。しかし、それは「いつでも」

というわけではない。一方、有機農業では「成熟」はあまり例外はなく、ほぼ「いつでも」なのだ。

各地を歩きながら、この「成熟」はどういうことなのだろうかと考えてきた。農家が暮らしをかけて、思いを込めて取り組んでいるのだから、そこには発見もあり、技術が向上していくのも確かだ。しかし、どうも有機農業における「成熟」、平たく言えば「だんだん良くなっていく有機農業の姿」には、そうした技術向上、技法確立ということだけでは語りきれないものがあるようなのだ。「成熟」は、経験豊富な老練の農家についてだけでなく、新規参入の若い有機農家でも感じられる。それは「有機農業の世界が次第に開かれていく」とでも表現したくなるような様相なのだ。

二〇一三年の夏、福島県二本松市の新規参入農家の圃場視察会に参加し、若い新百姓たちの圃場を巡回した。畑の状態、作物の状態はそれぞれかなり違っていた。一緒に歩きながらこれからの手入れはどうしたら良いのか、打つべき手は何かなどを語り合った。その折に何より驚いたことは、新規就農八年のＳさんの畑の様子だった。若い新百姓でも八年も頑張れば畑はこんなに変わるのかと強く感銘した。技術も磨かれ、作柄もそこそこに良いのだが、それより何より畑の様子が落ち着いているのだ。

八年前に借りた畑の状態は酷かったらしい。日照り時にはカラカラに乾いて土はカチカチになり、少し雨が続けば畑はドブドブで、長靴がもぐってしまう状態だった。たちの悪い雑草の繁茂もすごかったらしい。それが化学肥料や農薬を使わず、自然を大切にしながら堆肥や刈草を入れて五、六年経つころから、日照りにもそれなりに強く、雨が降っても畑がぬかるむことがなくなり、雑草草生も穏やかになり、作物の作柄も次第に安定してきたというのだ。

禅問答のような言い方になるが、有機農業は確かに一つの技術のあり方なのだが、どうもそれは単なる技術やその集合ではないようなのだ。それは「一つの世界が開かれる」とでもいうべきことのようなのだ。おわかり頂けるだろうか。

本節ではこうしたことについて技術の側面から考えてみたい。

有機農業は不安定な技術ではない

二〇〇六年一二月に有機農業推進法が制定され、第一期基本方針が審議されていたときのことだった。国から提案された基本方針の文中に「有機農業では、農薬や化学肥料を使用しないので、病虫害が出やすく、収量が低く、多労である。したがって技術開発などの支援が必要だ」という趣旨のことが記されていた。長く有機農業を続けてきた人たちから、この部分への強い反発が出た。「病虫害が多発しているのは近代農業の方で、有機農業では病虫害の多発は希だ」「収量が不安定なのは近代農業の方で、有機農業では年々土は良くなり、冷害年などの安定性はすばらしい」「農作業を苦行としているのは近代農業の方で、有機農業は自然の命とともにある歓びの営みなのだ」といったことが有機農業側の言い分だった。病害虫の多発は、化学肥料や農薬の多投、密植、旬を外した栽培などに原因があり、有機農業はそうした不安定要因を除去し、安定系の栽培体系を確立しようとする取り組みだというのが有機農業側の言い分なのだ。

振り返ってみて、なかなか含蓄のある議論だったように思う。どちらの意見もそれぞれに正しい。しかし、有機農業側の言い分には、実践をふまえた長期の視点があり、その点が両者の認識の分岐となっている。

たとえば農薬についてだが、次々と新しい農薬が開発され、その使用量は年々増加している。しかし、病害虫の発生や被害は一向に減っていない。

病害虫が深刻に発生した場合、農薬を散布してそれを防除するというのはいわば常識的な対応である。それで病害虫が収まり、作物が健康を取り戻していくのならそれはそれで一応は良いのだが、現実にはそうはなっていない。一つの病害虫が抑えられると、次には別の病害虫が発生し、それに対して別の農薬が散布される。トマト、キュウリ、ナス、ピーマンなど果菜類と総称される野菜の場合には、ほぼ一週間か一〇日に一回程度の農薬散布があたりまえとなっている。数カ月の栽培期間に一〇回も二〇回もの農薬散布がされるのが通常なのだ。それでも病害虫は抑えきれず、その多発が原因で栽培を打ち切るという例も少なくない。

近代農業は実は、けっして豊かな安定系を作り出してはいないのだ。農家のまじめな努力にもかかわらず、なぜこんなことになってしまうのだろうか。現実を良く観察してみるとそこにははっきりとした技術的理由が見えてくる。

まず、化学肥料の多投は作物の生育を促進させるが、作物の体を軟弱にしてしまう。肥料を吸い過ぎて軟弱に育った作物の体からは害虫を呼び寄せる臭気も発せられるようになる。多収を求めて密植すれば、作物の個体同士も競合し、作物の生育はヒョロヒョロとなり、栽培環境は鬱閉して病気が多発する。季節外れの作物栽培は、作物の生育に無理が生じ、それを補うために化学肥料はさらに多投され、病虫害の発生も激しくなる。また、農薬の多投は、病原菌の農薬耐性を強め、害虫の農薬抵抗性を強めてしまう。さらに、天敵を殺し、生態系を単純化させ害虫多発の環境条件を作り出してしまう。そして何よりも化学肥料や農薬は土をダメにしてしまう。

農業においては、短期的な生産性の追求は、生産体系の安定性を損ねてしまうことが多く、それがひいては、農業生産と生産環境の持続可能性を突き崩してしまう。だが、生産体系の安定性と持続可能性を重視すると、生産性の追求には困難を伴ってしまうことが少なくない。そこには大きなジレンマがある。しかし、ここで視点を少し長期に置いてみれば、このジレンマを乗り越える道も見えてくる。生産体系の安定性と持続可能性を重視する方向でも、少し時間はかかるが、生産力向上への道はある。そのことを有機農業のたゆまぬ実践と蓄積は確かに示しているようなのだ。

しかもこの道は、土と作物の健康保持の道であり、それゆえに産物の品質は良く、安全性はしっかりと確保されている。それを食べ続けていくと食べた人の健康も保持されていく。農と食と健康の優れた環がそこに作られていく。有機農業は確かにそうした方向に進みつつある。これまでの私のぽつぽつとした農業観察からはそのような結論が導かれるのだ。兎と亀の逸話とどこか似ているように感じられる。

国の提言から見た農業の特質

ここで農業とはどんな特質の営みなのかを考えてみよう。

農水省は、農業の多面的機能重視を書き込んだ一九九九年制定の新しい「食料・農業・農村基本法」をふまえて、二〇〇三年に「農林水産環境政策の基本方針――環境保全を重視する農林水産業への移行」を提起した。そこには工業との対比で農業の特質について次のように書かれている。

> 農林水産業は、工業等他産業とは異なり、本来、自然と対立する形でなく順応する形で自然に働きかけ、上手に利用し、循環を促進することによってその恵みを享受する生産活動です。

二〇〇七年には「農林水産省生物多様性戦略」を発表し、上記の規定に続いて、それは「生物多様性と自然の物質循環が健全に維持されることにより成り立つものである」と述べ、さらに、農林水産業は、自然界における多様な生物にかかわる循環機能を利用し、動植物等を育みながら営まれており、生物多様性に立脚した産業である。このことから、持続可能な農林水産業の展開によって自然と人間がかかわり、創り出している生物多様性の豊かな農山漁村を維持・発展させ、未来の子どもたちに確かな日本を残すためにも、生物多様性を保全していくことが不可欠である。

とも述べている。これらの問題提起が、農水省の政策全体のなかでどのように貫かれ、活かされているかははなはだ疑問だが、しかし、これらの提起それ自体は実に正しく、本質を言いあてている。近代農業、すなわち農業の工業化の推進者だった農水省が、これほどの発言をするようになるとは驚きだった。

ここで農水省は、農林水産業は産業の特質として工業等とは大きく異なると明言したのだ。そしてその違いは、産業としての自然との向き合い方にあるのだと言っているのだ。自然から離脱し、自然を改造し、支配していこうとする工業に対して、農林水産業は「自然と対立する形でなく順応する形で自然に働きかけ、上手に利用し、循環を促進することによってその恵みを享受する生産活動」であり、それは「生物多様性と自然の物質循環が健全に維持されることにより成り立つものである」とまで言っているのだ。

ここで農水省が提起している農業論は、私たちが有機農業の立場から提起する農業論とほとんど同じだ。本節での論議に則して言い換えれば、工業には自然と対抗する工業らしい技術論があり、農業には自然とともにあろうとする農業らしい技術論があるということなのだ。私たちは近代農業は、農業の本質から逸脱し、深刻な問題を次々に作り出してしまっていると批判し、だから農業は本来のあり方に立ち戻るべきだ、農業には農業らしい発展の道があるのだと主張し、その具体的あり方として有機農業を提起し、それを草の根から実践し続けてきた。

こうした農業論の理解を、前項の農の「成熟」に関して言い直せば、だから工業的なあり方、すなわち自然から離脱していく近代農業は不安定なものとならざるをえず、農業本来のあり方を追求する有機農業の営みの先には安定した豊かさが、すなわち自然とともにある成熟した安定性が次第に作られていくという対比となっていく。

低投入・内部循環・自然共生

私たちは実践農家と研究者、技術者が一体となって、日本有機農業学会や有機農業技術会議を主な場として、「有機農業の技術とは何か」について、現地動向と密着しながら多面的な検討を続けてきた。その検討の中間総括として私たちは「低投入」「内部循環」「自然共生」という三つのキーワードとその連関に、有機農業技術の本質的な特質があると整理してきた。以下、私たちの現時点での認識の概略を紹介したい。

くわしい内容は、私も編著者となった『有機農業の技術と考え方』（コモンズ、二〇一〇年）、私の近著『有機農業の技術とは何か』（農文協、二〇一三年）に書いた。農家に語りかけることを主眼とした専門書だが、どなたでも理解できるようにつとめて執筆したので、くわしく知りたい方はぜひお読み頂きたい。

有機農業の通常の理解は「無化学肥料・無農薬の農業」ということだろう。確かに化学肥料や農薬を使わないことは有機農業の一つの前提だが、そのすべてではない。この理解だけに留まっていたのでは有機農業の世界は見えてこない。

「無化学肥料・無農薬の農業」という表現の意味の第一は、化学肥料や農薬を「汚染」ととらえてそれを除去して清浄化を求めるという点にある。しかし、それだけでなく化学肥料も農薬も工業製品であって、その利用を不可欠の前提としていては本当の農業は取り戻せないという意味もある。さらに化学肥料や農薬は、土や作物の自然の力を損ね、農業本来の豊かで安定した生産力のあり方を壊してしまうという意味もある。

先に述べたように有機農業は自然とともにあろうとする農業の本来の姿を求めていく農業なのだ。農業には工業依存のあり方（近代農業）もあり、現在ではそれが圧倒的な主流となってしまっているのだが、それは農業の本来のあり方ではなく、その道には豊かな安定性を見出すことはできない。近代農業優先の時代の流れに抗して、有機農業は、自然とともにあろうとする農業の本来の姿を取り戻そうとする草の根の取り組みの総称なのである。

こうしたことも考え合わせていくとより本質的なあり方は「無化学肥料・無農薬の農業」ではなく「低投入の農業」が前提となるということがわかってくる。化学肥料を有機質肥料に置き換えただけで多投入を続けていたのでは有機農業の本当の道は拓けないのだ。

まず「低投入」は土と作物・家畜の世界に「内部循環」を甦らせる。土の世界も作物・家畜の世界も命の世界であり、命の世界は連鎖の世界なのだ。しかし、近代農業の「多投入」（富栄養の継続）は土と作物の命の世界を衰えさせ、命の多面的な連鎖は断ち切られてしまう。「低投入」の条件下でこそ、作物は深く広く根を張り、土の世界と深く、広く関係するようになり、土は作物の生育を積極的に支援するようになっていく。

それは農業生産の技術的あり方の、より広く言えば農業の体質の転換である。当然、それにはある程度の時間がかかる。「人為」と「自然」という二軸の概念を建てて、近代農業と有機農業を対比してみると、近代農業は人為の集積から農業生産体系を作ろうとしているのに対して、有機農業は自然の営みのなかに生きる農業生産体系を作ろうとしていると言うこともできる。有機農業の視点からすれば、土はそれ自体自律的に生きており、変化し、安定化の方向に動いている。また、作物や家畜もまたそれ自体のいのちの力で生きている。生きている土と生きている作物や家畜は、気候風土などの自然環境のなかで、関連して生きていこうとしている。

だから近代農業の主体は言うまでもなく人為となるのだが、有機農業の主体は自然共生にあるのだ。

この違いが双方の技術のあり方を規定している。有機農業の技術は生きていこうとしている土や作物や家畜、そして自然への働きかけであり、結果は自然の側の変化として現れる。だから有機農業技術は、人為の集積としての一＋一＝二という結果にはならないのだ。それは手入れ、あるいは支援であり、手入れや支援はしたほうが良い場合もあるが、しないほうが良い場合もあるのだ。

そしてそうした土地＝作物・家畜系の多面的な「内部循環」を支えるのが「自然共生」の深まりだ。自然共生系形成の主役は、眼には見えない微生物（カビやバクテリア）、小動物（地の虫）である。その種類も数も膨大だ。その膨大な数と種類の彼らの命は、土に含まれている栄養や有機物によって支えられていく。その膨大な生と死の連鎖は、腐植の形成など土の構造を豊かに作りかえ、ゆったりとした栄養循環も生み出していく。作物の根や家畜の糞尿は、雑草などの根や野生動物たちの糞尿とともに、そうした微生物や小動物の命の連鎖を促進させ、またその恵みを受けていく。

前の項で述べた有機農業の「成熟」とは、実は今述べた「低投入・内部循環・自然共生」の連鎖の形成と成熟だったのである。

有機農業技術の理論的基礎

農業には「収穫逓減の法則」という基礎理論がある。農業にも肥料などの資材を投入すると生産量が増えるという投入――産出の関係（生産関数的関係）があるのだが、投入増加はある限度を越えると産出は頭打ちとなり、生産トラブルが多発するようになり、さらに投入を増やすと産出は逆に減ってしまう。このことを経験理論として明確にしたのが「収

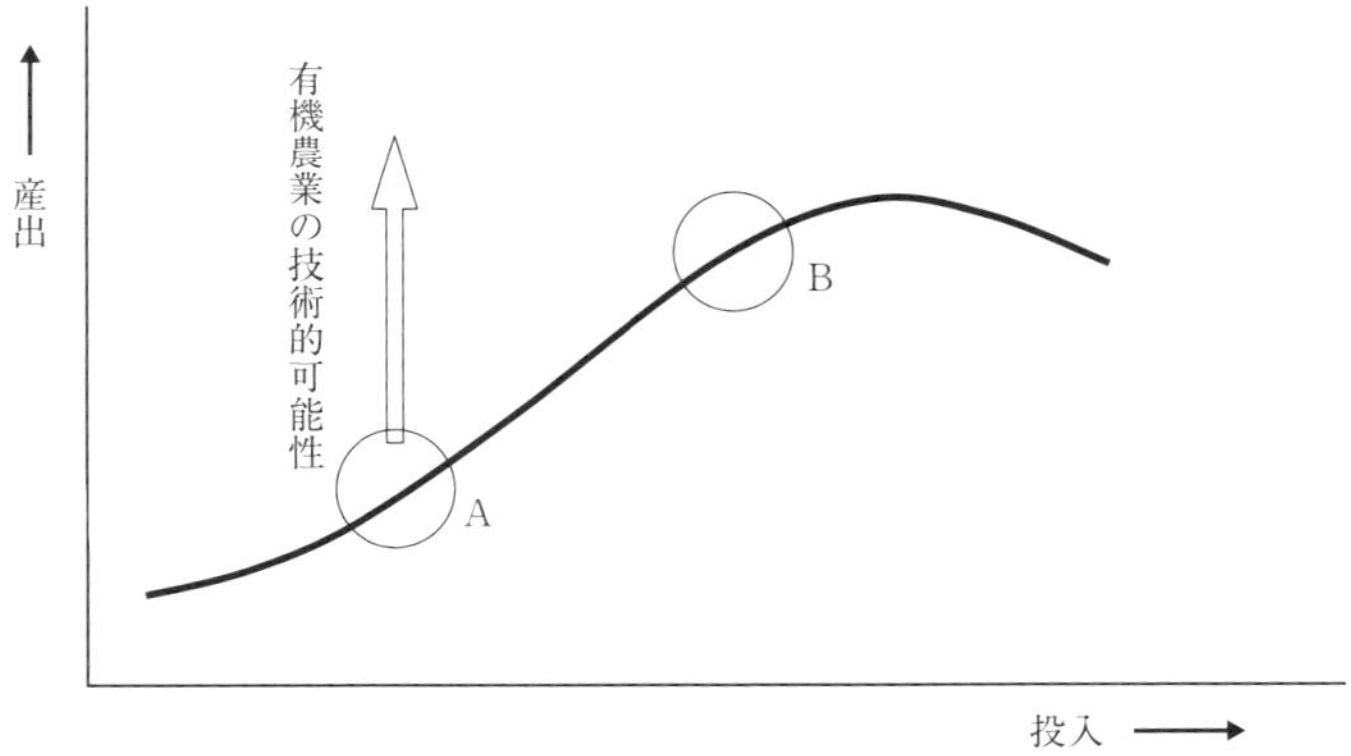

図11　有機農業は低投入の地点から

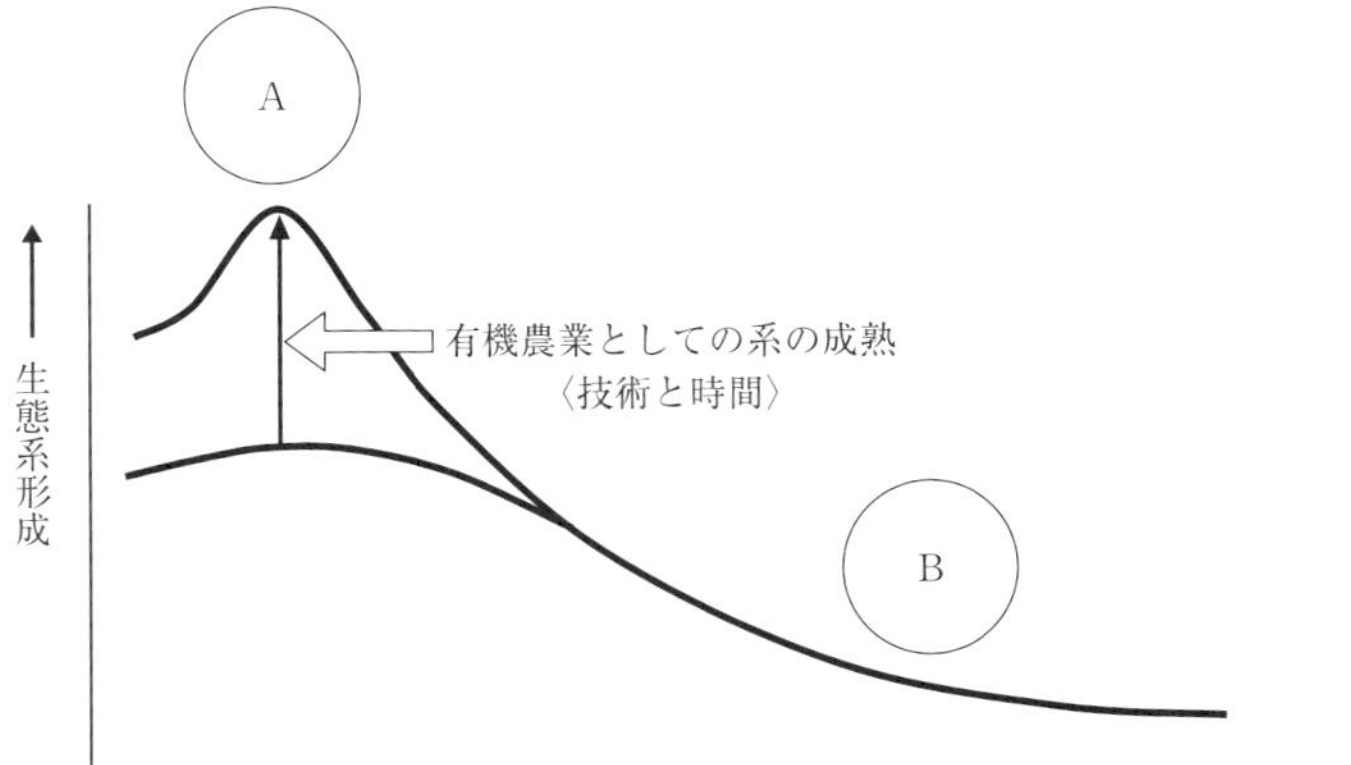

図12　有機農業は生態系形成に支えられて

穫逓減の法則」である。

この法則に沿って通常の農業は少しずつ投入を増やしていく、そして、資材投入が容易になった現代では、少しすれば増収は頭打ちになり、さまざまな生理障害が出現するようになり、病虫害多発などさまざまな生産トラブルが生じてきてしまう。そうなった場合でも、通常の農業の場合には、なお多収を求めて、農薬などを駆使して、トラブル解消を図り、さらに投入を続けていく。また、農薬は予防的にも恒常的に使用され、それも土＝作物・家畜系をめぐる自然のバランスを壊していく。だから通常の農業は本質的に不安定な綱渡りのようなプロセスなのである。

それに対して有機農業は図11に示したように、多投入には進まず、低投入のままで、土と作物の命の営みの展開を待つ。この「待つ」という時間と人為のあり方が重要なのだ。この周りからは、この時点では、有機農業技術論はユートピア思想のように見えるかもしれない。しかし、それは根拠のない空想ではない。

図12に示したように、低投入の環境下で、時間と有機農業の技術が加わると、土と作物・家畜が作り出す圃場の生態系は次第に活性化し、より充実したステージに向かっていく。生態系形成は、資材投入と逆相関の関係にあり、そこに待ちの時間と適切な有機物施用な

どの生態系形成を促進させる穏やかな技術が加わると、生態系は次第に動き出しその活性はより高いステージへと進み、豊かな稔りが安定して得られるようになっていくのだ。こうして有機農業は安定した成熟、豊饒の世界を作っていく。

生態系の充実は、そこで生きる生き物の多様性によって支えられる。多投入による富栄養の下では、強い生き物ばかりが優先し、特定の種が環境と資源を独占し、生き物の多様性は損なわれる。循環系は単純化し、短期的な生産性が向上することはあっても、生産体系の安定性は失われていく。

圃場生態系について見ると、土に生きるのは作物や家畜だけでない。たくさんの動植物、微生物が関連し合いながら生きている。長い歴史のなかで農耕は、そうした圃場の生態系の豊かさを求めて、作物・家畜の安定した生産の道を探り、一歩ずつだが、安定した生産体系を作り上げてきた。それは近代農業のような、やみくもに突き進む短期決戦的な生産性追求ではなかった。

こうした生き物の多様性のなかで、作物の生育にとってとくに重要な意味を持つのは根と根の周り、根圏に生きる微生物群（主としてカビやバクテリア）のあり方である。これらの微生物群は作物から地上部（緑の葉）が営む光合成で作られた栄養や酸素などをもらい受け、お返しに土のなかの栄養などを作物に提供するという「共生」関係を作るものも多いのだ。それらの微生物群は根の周りにも、根のなかにも棲んでいて、作物と共生的な関係を持ちながら、人間の視点から見れば、作物の生育をサポートしてくれているのである。

土にはたくさんの栄養物質が含まれており、そこでたくさんの微生物や小動物、そして動植物が生息している。その世界は土だけでなく、大気とも、川や沼の水、降水とも交流し、命と物質の大きな、ゆったりとした循環系を作り出している。その共生的循環の世界に、農耕はどのように入り込み、利益を得つつ、共生的循環系のさらなる充実と持続に寄与できるのか。長い歴史のなかで、農の道で問われてきた技術的課題はこのあたりにあったと思われるのだ。

成熟した有機農業の事例を見ると、ほぼ無施肥で、慣行栽培に負けないような収穫をあげ、雑草も作物と馴染み、草取りなどもほとんど無用となり、さらには土は膨軟になり、耕耘《こううん》の必要もなくなっていくというようなあり方が現実に生まれ始めているのである。

さらに自然共生的な有機農業の技術論に関してもう一つ付け加えたいことは、微生物共生と作物の健康の関係である。もちろん作物は作物として生き、健康を保持し、繁殖し、一年生の作物は季節のなかで死んでいく。しかし、そうした作物の体内にはたくさんの、多種類の微生物が生きており、それらの微生物たちが作物の健全な生育を強くサポートしてくれているようなのだ。動物には免疫という生きるうえでの重要な力があることがよく知られているが、植物についてもそれに類するような力が微生物共生によって作られているようなのだ。成熟した有機農業の作物の健全さは、こうしたことを抜きには理解できないのである。

有機農業の技術論

有機農業の技術的特質はおおよそ以上のように考えることができる。くどくなってしまうが、それを整理して総括すれば次のようになる。

農業はもともと自然に依拠して、その恩恵を安定して得ていく、すなわち自然共生の人類史的営みとしてあった。

ところが近代農業では、農業を自然との共生から自然離脱の人工の世界に移行させ、工業的技術とその製品を導入することで生産力を向上させることが目指されてきてしまった。こうした近代農業は、地域の環境を壊し、食べ物の安全性を損ね、農業の持続性を危うくしてしまった。

こうしたなかで有機農業は、近代農業のあり方を強く批判し、農業と自然との関係を修復し、自然の条件と力を農業に活かし、自然との共生関係回復の線上に生産力展開を目指そうとする営みとして自己形成されてきた。

有機農業の歩みをこのように振り返れば、そこから見えてくる技術論は、たんに「無農薬・無化学肥料」を追求する技術体系とはならない。有機農業技術論の基本方向は、農業における「自然共生」の再生と追求にある。具体的には、低投入と内部循環の高度化を基本として、圃場生態系の健全な形成、土壌有機物の豊富化、生物多様性の確保、微生物や小動物との共生関係の形成、そして圃場内外の自然と共生した作物の健康な生育の確保等が、時間をかけてたゆまず追求されていくのである。

だが、有機農業がこうした豊かな安定系にたどり着くには時間と努力が必要となる。暮らしをかけた農家の現実の営農においては、こうした数年間の転換期間を持ちこたえること、その時期に周辺との間に生じやすいトラブル対応などはとりわけつらい。だから有機農業への社会的支援は、主としてこうした転換期間のたいへんさの軽減に向けられるべきなのだ。

生物多様性に満ちた農村のイメージ

だが、そうした転換期間を越えて、有機農業が地域に広がることは、地域に農村らしい豊かさをもたらしてくれる。先に紹介した「生物多様性国家戦略」（第三次）には、そうした「望ましい地域のイメージ」を次のように描いている。国もまた、こうした自然共生の豊かな地域像を描き始めたのである。少し長いが記述の一部を紹介しておこう。

農地を中心とした地域では、自然界の循環機能を活かし、生物多様性の保全をより重視した生産方法で農業が行われ、田んぼをはじめとする農地にさまざまな生きものが生き生きと暮らしている。農業の生産基盤を整備する際には、ため池やあぜが豊かな生物多様性が保たれるように管理され、田んぼと河川との生態的つながりが確保されるなど、昔から農の営みとともに維持されてきた動植物が身近に生息・生育している。そのまわりでは、子どもたちが虫取りや花摘みをして遊び、健全な農地の生態系を活かして農家の人たちと地域の学校の生徒たちが一緒に生きもの調査を行い、地域の豊かな人のつながりが生まれている。耕作が放棄された農地は、一部が湿地やビオトープとなるとともに、多様な生きものをはぐくむ有機農業をはじめとする環境保全型農業が広がることによって国内の農業が活性化しており、農地として維持されている。また、生物多様性の保全の取り組みを進めた全国の先進的な地域では、コウノトリやトキが餌をついばみ大空を優雅に飛ぶなど、人々の生活圏のなかが生き物にあふれている。

有機農業技術の一五カ条

以上、有機農業技術の解説がやや抽象論に偏してしまったので、有機農業技術展開の具体的な基本原則を箇条書きにしてまとめておきたい。

まず、有機農業において基本的前提となる事項としては、農薬や化学肥料、遺伝子組換え技術を使わないという三点が挙げられる。さらに成熟した有機農業に向かう取り組みにおいて共通して確認できる方向性として以下の諸点が挙げられる。

① 工業製品などの外部からの投入資材にはできるだけ依存しない。農場や農場周辺の自然や社会の範囲内での資材活用、できれば循環的活用を志向する。

② 農業の基本を総合的な土作り、すなわち圃場の安定的でかつ生産的にも活力ある生態系形成におく。圃場の生態系はできるだけ壊さず、堆肥や刈草などの有機物の還元

施用に務め、腐植形成、団粒形成などを時間をかけて育てていくことを目指す。生態系は基本的には生態系自体の運動と力によって自己形成されていくという認識を基本とし、人為の役割を生態系の自己形成を助け、適切に誘導していくことにおく。作物栽培自体も生態系形成にできるだけ資するように組み立てていく。また、長年の土中の水の流れによって作られる地下一～二メートルくらいの下層土の構造形成にも配慮していく必要がある。

③　そのためにも適切な低投入、土壌―作物栄養論的には適切な低栄養を基本としていく。施肥だけに頼ることをせず、施肥においても土作りを主眼として、それへの循環促進的な補助剤としての位置づけをしていく。堆肥作りとその施用では、里地・里山資源の活用、イネ・ムギなどの禾本《かほん》科のワラの活用などを重視し、土に有機物を還元し、豊かな微生物共生系の育成を主眼とする技術として位置づけていく。

④　作物の種や品種ごとの生理生態的特質を適切に把握しつつ、作物の持つ本来の性質を活かし、作物の生命力を引き出していくことを栽培技術の基本におく。そのためには、低投入、低栄養は基本的な条件となっていく。一般論としては、根の張りの良い作物生育、疎植によるゆとりある生育環境の確保が重要な意味をもつ。疎植による風

通しの改善も効果的である。作物の生育においては、セルロース生産（体の骨格作り）、タンパク生産（体の中身作り）、デンプン生産（エネルギーの蓄積）が生育ステージに応じてバランスのとれた展開をしていくことに留意する。

⑤　病虫害対策は、健康な作物生育の確保、安定した圃場生態系の確保によって病虫害多発の原因を除去することを基本におき、ある程度の発生があったとしても、圃場における天敵や作物自体の治癒力に依存して問題解決を図る。また、病虫害の発生等を単年度の事象としてとらえず、長期的な安定生態系形成の視点で見ていく。

⑥　雑草対策については、現状ではまだ多くの問題を残しているが、雑草の生育力は圃場の生物的活力を示すものと理解し、雑草生育自体を敵視しない。雑草は多種の野生植物の群集であり、そのあり方は生態的な変化のなかにあることを適切に認識していくことが必要だろう。そのうえで、雑草と作物との競合を回避し、作物生産と雑草生態がともにより良い圃場生態系を形成していくような技術方策の構築を目指す。

⑦　圃場および圃場周辺の生き物の多様性に配慮し、生物多様性の保全に支えられた安定した生態系とその活力によって農業生産が安定的に展開していくという方向性のある技術方策の構築を目指す。そのためにも刈敷、敷きワラなどによる土壌被覆を重視

する。

⑧　日本はすばらしい四季の変化がある国で、一年生の農作物はその四季の変化にさまざまに適応しながら生育の型を作っている。農の営みでは、季節の変化の予兆を的確に把握し、それに適応しようとする作物の生育の動きを捉えそれを適切に誘導していくことが重要である。

⑨　作物栽培にあたっては、地域の自然条件、気候条件、伝統的な農耕体系、品種の選択、生産物をおいしく食べる消費者の食のあり方、生産における危険分散等々を多面的に配慮した、その土地に馴染んだ作型の確立を重視する。そのような作型とその経営的組み合わせこそ総合的な農業技術の結晶であると考える。

⑩　農業経営のあり方としては、複合経営を基本とし、それをより能動的に組み立て、展開していくためにも畜産の包摂、飼料自給型の畜産との適切な連携、すなわち有畜複合農業の構築を目指すことが必要である。家畜飼育においても、健全な土とそこで育った植物と家畜の相補的な関係形成を重視し、家畜の生理的特質をふまえた健康な家畜飼育を目指す。

⑪　種採り、育種については、農家自身がこの領域の技術を自らの技術として獲得して

いくことの意義を重視する。これは農がいのちの営みであることを農業者自身がしっかりと捉えていくうえでたいへん重要な課題である。その地で種採りを続けることは、種がその地で生きていく力を育て、継承していく道でもある。また、品種改良については、単なる生産性や耐病性、あるいはその他優良形質の導入ということだけでなく、有機農業で作りやすい品種、根の張りの良い品種の作出、さらには伝統的な文化価値としての在来品種の適切な保全などにも配慮していくことが必要である。

⑫　有機農業は豊かな食と結びつくなかで発展、充実していく。有機農業と結びつく食は全体食を志向しており、「いのちの産物」としての農産物はできるだけそのすべてをおいしく食べていくことを望みたい。食も農も四季の変化のなかでそのあり方を変えていく。有機農業はそのような食のあり方とそれに則した食の技術の高まりと共に展開していくことが望ましい。

⑬　有機農業において労働の意味はたいへん大きい。人は農作業（労働）を通して作物、土、自然と交流していく。農作業は農業者の感性を育て、作物や田畑を丁寧に観察していくプロセスでもある。有機農業においては、労働を単なる負担やコストとは捉えず、そこに積極的な意義をおいている。有機農業においては農作業が喜びと発見と充

実のプロセスとして編成され運営されることを願っている。したがって有機農業においては近代農業のような単なる省力技術は追求されない。もちろん多労であることだけに意義をおくものではないが。

⑭　農業は本来個々の圃場や経営だけで完結するものではない。とくに日本の場合は、零細分散錯圃制という地域農業体制のもとにあり、集落を基礎とした農業の地域的な展開の意味がたいへん大きい。また、有機農業が依拠する生態系は原理的にも地域生態系として存在している。有機農業圃場自体が地域の農業生態系の一部を構成していると考えるべきだろう。さらに、生物多様性の視点から重要視されている里地里山の保全にとっては、そこでの適切な資源利用と結びつけることが重要であることも明らかにされている。有機農業における里地里山に依存した資源利用はその意味からもたいへん重要な意味をもっている。こうした取り組みを地域的に広げながら、地域の自然、地域の林野とも適切に結び合った地域農法の形成と確立を目指したい。

⑮　有機農業は、そのときの生産だけでなく、五年後、一〇年後、そして一〇〇年後の農の豊かな展開を願って取り組まれている。その取り組みは、過去の数十年、数百年にわたる農人たちの暮らしとしての農の営みを継承したいと考えている。その意味で

有機農業は広義の文化形成の活動であるとも言える。したがって有機農業の評価にあたっては、こうした長期の視点、世代をつなぐ農の継承という視点、さらには文化形成の視点も欠かすことはできない。

有機農業の営農原則

本節では、有機農業の営農体系までは説明できなかった。そこで、本節の最後に各地の有機農業農家がその長い歩みのなかで確認しあってきた「有機農業の営農原則」を五点ほど掲げて補足としたい。

① 自給の重視

有機農業の第一の目的は生活の自給である。有機農業の第一の基本理念は「身土不二」である。自給の基礎は食の自給だが、それだけでなく住まいもエネルギーも自給の取り組みを広げたい。まずは農家自身の生活自給であり、続いて地域住民の生活自給である。「地産地消」の普及は有機農業の重要な取り組み課題となっている。

②　小規模有畜複合経営

近代農業は経営組織の単純化と生産規模の拡大を基本として展開してきた。それに対して有機農業は適正規模が重視され、家畜も含めた農業経営の、そして農地自然の内部循環の高度化が目指される。経営内の自給的循環の充実は激変する経済環境下での経営の安定化への寄与も大きい。

③　地域資源の活用

農村には林野や河川や湖沼、そして藪地もある。田畑はそれら自然の応援のなかで豊かになっていく。こうした周りの自然は農業資源の宝庫である。落葉や刈草で堆肥を作るなど、それを資源として積極的に利用することで、地域の自然は若返り、元気になっていく。

④　自然との共生

有機農業は微生物を含む生物多様性とその共生的関係によって支えられている。田んぼは水生生物が生きる場でもあり、野鳥たちもそこを大切な餌場としている。日本の自然は農の営みとの共存によって甦り、維持されてきた。地域の自然保全は有機農業の重要な課題である。

⑤　消費者との連携

命の食べ物と農の息吹を消費者に届け、経済を越えた消費者と生産者の交流と相互理解を広げていく。消費者にも農の営みへの参加を求め、自然との共生、国民皆農へのコミュニティを育てていく。食と農のこうした関係を若い世代につなぎ、社会に農業尊重、農村尊重の機運を作っていくことは、これからの時代にとってたいへん重要な意味を持つ。

5　有機農業への期待

地球環境の破局、『成長の限界』

私は予測家ではない。農業の仕組みについての分析には強い関心があるが、未来予測それ自体への関心は薄い。あたりまえのことだが、未来は不明である。しかし、現在を冷静に深く見つめれば、おのずからこれから生きていくべき方向性は見えてくると考えている。そのうえで、結果はなるようにしかならないと覚悟すべきだというのが私の信念なのである。だから本章の結びは、残念ながら有機農業の未来像の描写というわけにはいかない。本章は「希望としての有機農業」という書き出しで始めたが、その結びは「未来像描写」ではなく、有機農業の今後への社会的期待、地球環境問題と食のあり方論の側面からの有機農業への社会的期待について述べることにしたい。

現代文明が地球環境の破局を作り出している。この認識は今では世間の常識になっているが、それを最初に明確に提起したのは、マサチューセッツ工科大学のメドウズらの『成長の限界』（一九七二年発表、日本語版は同年ダイヤモンド社刊）だった。ローマクラブの委託を受けたシミュレーション研究の報告書である。ちょうど世界の経済成長がオイルショック、ドルショックで行き詰まりにぶつかったときのことで、この警告で世界は大きな衝撃を受けた。

『成長の限界』で示された結論は次の三点だった。

① 世界人口、工業化、汚染、食糧生産、および資源の使用の現在の成長率が不変のまま続くならば、来るべき一〇〇年以内に地球上の成長は限界点に達するであろう。もっとも起こる見込みの強い結末は人口と工業力のかなり突然の、制御不可能な減少であ

ろう。

②　こうした成長の趨勢を変更し、将来長期にわたって持続可能な生態学的ならびに経済的安定性を打ち立てることは可能である。この全般的な均衡状態は、地球上のすべての人の基本的な物質的必要が満たされ、すべての人が個人としての人間的な能力を実現する平等な機会を持つように設計しうるであろう。

③　もしも世界中の人びとが第一の結末ではなくて第二の結末にいたるために努力することを決意するならば、その達成するための行動を開始するのが早ければ早いほど、それが成功する機会は大きいであろう。

以来、四〇年が経過したが、メドウズの予測は、明らかに「第一の結末」となっており、それは未来予測としてではなく、科学的な実測値としてその妥当性が確認されてしまっている。地球温暖化問題についての国連の科学者組織であるＩＰＣＣ（気候変動に関する政府間パネル）は先に第五次評価報告書の概要を発表したが、そこにはたとえば次のような結論が示されている（二〇一三年九月）。

①　気候システムの温暖化については疑う余地がなく、一九五〇年代以降に観測された変化の多くは、数十年から数千年にわたって前例のないものである。大気と海洋は温暖化し、雪氷の量は減少し、海面水位が上昇し、温室効果ガスは増加している。

②　世界平均気温は、独立した複数のデータが存在する一八八〇〜二〇一二年の期間に〇・八五（〇・六五〜一・〇六）度上昇した。二〇世紀半ば以降、世界的に対流圏が昇温していることはほぼ確実である。

③　二酸化炭素の累積排出量と世界平均気温の上昇量は、ほぼ比例関係にある。

④　人間活動が二〇世紀半ば以降に観察された温暖化の主な要因であった可能性はきわめて高い。

メドウズらは、『成長の限界』で地球には環境容量があり、それはまもなく満杯になるだろうというたいへん重要な認識を提起した。そして一九九二年の続編『限界を超えて――生きるための選択』では、すでに容量をオーバーしてしまったとされている。また、メドウズらの問題提起をふまえて人間活動と環境容量の関係を計測研究しているエコロジカル・フットプリントの研究グループは、一九八〇年ころが容量オーバーの時点で、現在

予測：未来社会に関するシナリオ

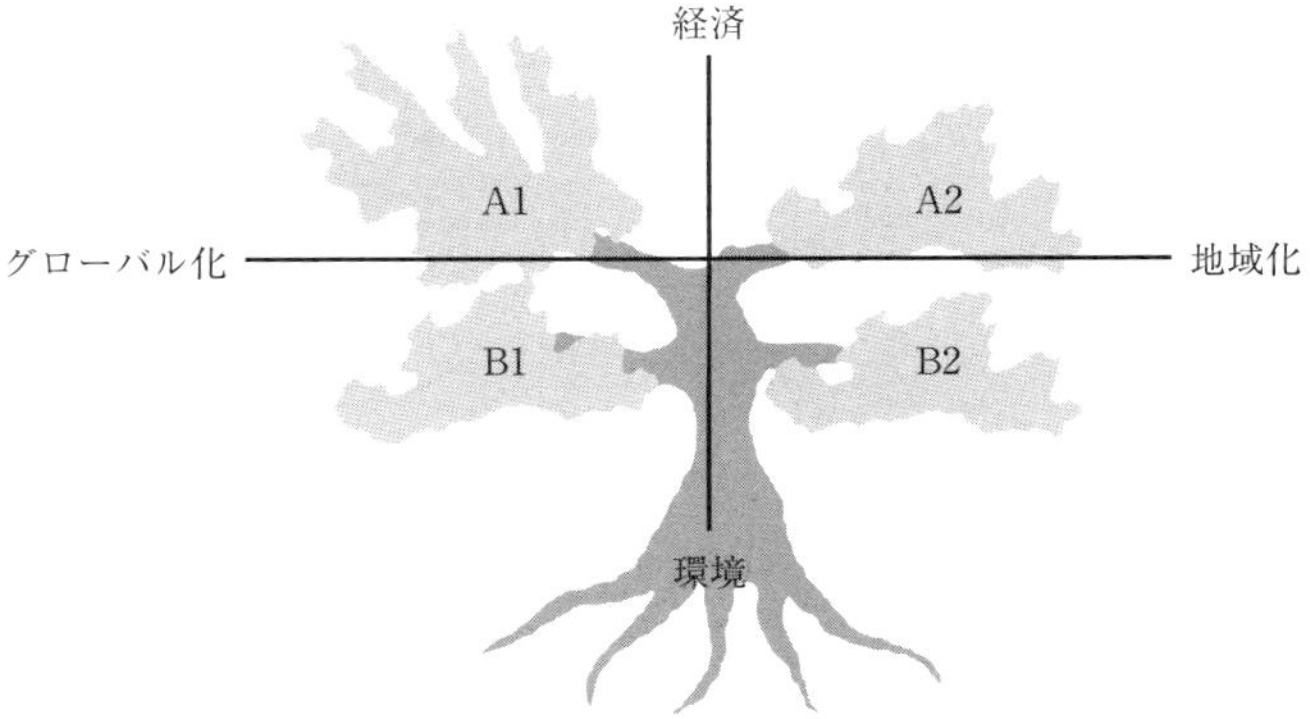

図13　これから社会はどこに向かって進むのか
出典：IPCC 第３次評価報告書，2001年

は三〇パーセントほど容量をオーバーしてしまっているとしている。

地球環境問題は将来の危機ではなく、現在すでに深刻な危機のステージに入ってしまっているのである。

農業は工業の川下産業となっている

こうして地球温暖化対策は待ったなしの緊急課題となっているのだが、その進捗は状況を変えられずに足踏みしている。グローバル化のもとでの経済成長の追求と、それに対する社会ののめり込みが、効果的な環境対策を頑強に阻んでいるからである。

たとえばアジア太平洋地域についてみても、ＴＰＰ（環太平洋経済連携協定）の推進を前

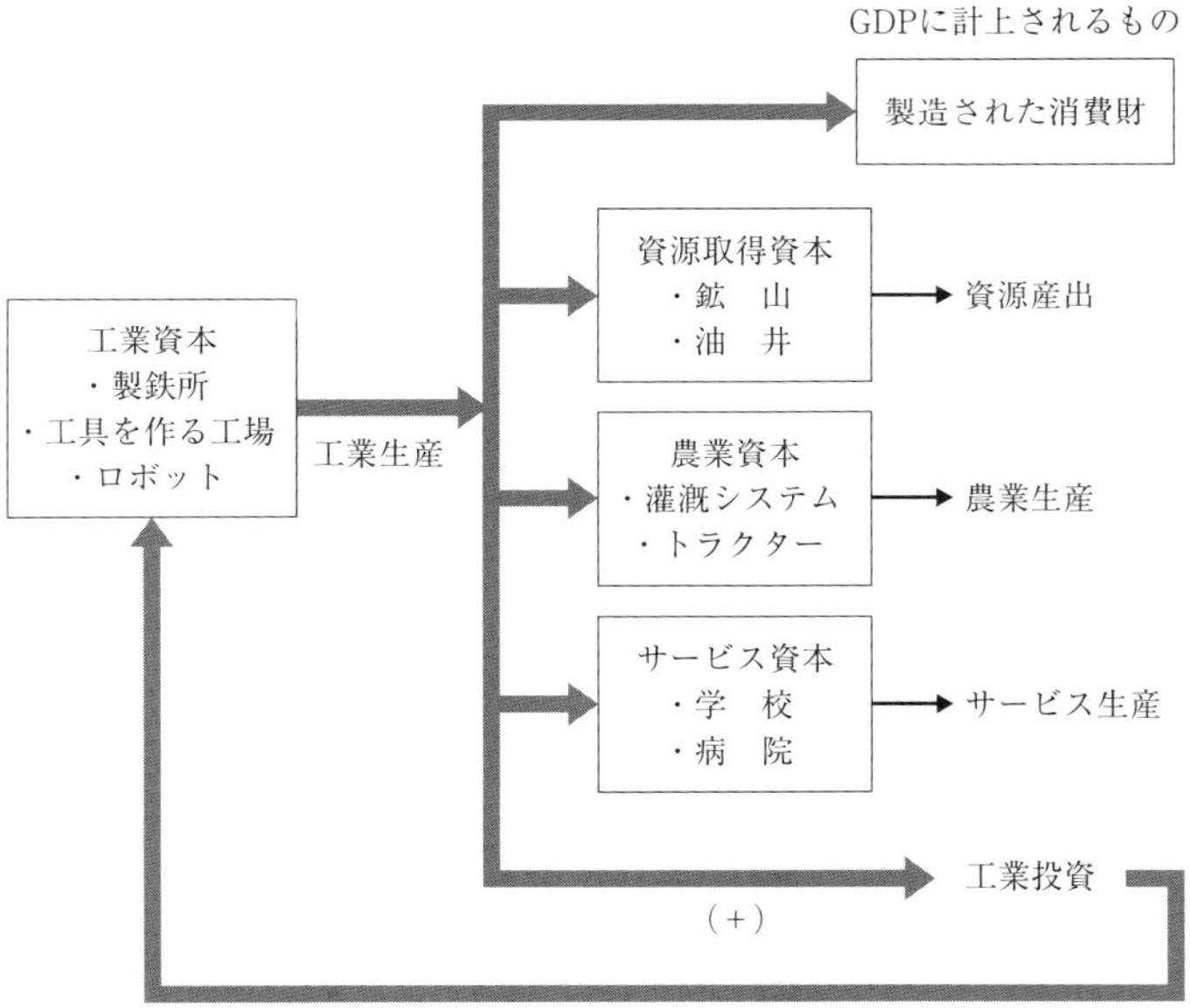

（ワールド3の経済における物理的資本のフロー）

工業生産とその分配は，メドウズらが開発した世界モデル・ワールド3によるシミュレーション経済の行動パターンの中心的要素である。工業資本の規模によって，毎年の工業生産量が決まり，その工業生産は，その国の目標やニーズに従って，5つの部門に分配される。消費される工業生産，資源部門へ分配され資源の獲得のために使われる工業生産，土地開発や土地収穫率向上のために農業部門に振り向けられる工業生産，社会サービスに投資される工業生産がある。そして，残った工業生産が減耗を補い，工業資本ストックをさらに拡充するために，工業部門に投資される。

図14　農業は工業の川下産業になっている

出典：D.H.メドウズ『限界を超えて――生きるための選択』ダイヤモンド社，1992年

提とした本格的な環境対策などありえないことは誰でもわかるはずなのに、ＴＰＰ交渉参加国は、環境重視・ローカル化（地域化）への転換ではなく、経済成長・グローバル化の道を突き進んでいる。

ＩＰＣＣの第三次評価報告書（二〇〇一年）の政策決定者向け要約には、図13が掲げられている。この図では経済成長と環境保全、グローバル化とローカル化の二軸に区分される四つの世界が提示されている。しかし、現実の各国の動向を見れば、ＴＰＰ交渉参加国だけでなく世界のほぼすべての国や地域はＡ１のなかで動いていることは明白である。それと対抗的なＢ２の環境重視・ローカル化の枠で生きようとしている国は、わずかにブータンだけだと判断せざるをえない。

図13に関して、Ａ１には希望はないが現実性はある、Ｂ２には希望はあるが現実性がない、というのが一般的な見方だろう。しかし、世界がＢ２の方向で動き出すことなしには、地球環境の破局から抜け出すことはできないことは明白なのだ。だとすれば、今大切なことは、個別的な環境対策を進めていくだけでなく、Ｂ２の方向に現実的可能性を作り出し、世界がＢ２に向かって動き出す状況をいかにして作るかだろう。

そこで問われるのが農業の位置と可能性である。Ｂ２世界の基幹産業は言うまでもなく、農業だろう。しかし、本章でくわしく述べてきたように、農業もまた、近代農業という形で産業化の波に飲み込まれてしまっているのである。メドウズは、そのシミュレーション研究においてきわめてクールに農業は工業の川下産業だとして図14を掲げている。

メドウズは二〇〇四年の続々編『成長の限界——人類の選択』で一九七二年の『成長の限界』で提起した「第二の結末」のためには「愛と慈しみ」の心に期待するほかないと述べている。彼らの論理からは「第二の結末」への展望が見つけ出せないのである。第二の結末のためには、農業が果たすべき役割はきわめて大きいにもかかわらず、彼らは農業を図14のように工業の川下産業としてしか位置づけられないからだ。彼らには農業を世界再生の主役としてとらえる論理が見えていないのだ。

農の復権へ

私たちはそれに対して、自然共生の有機農業を近代農業の対抗的存在と位置づけてきた。有機農業は土を大切にし、そこでの命の豊かで多彩な連鎖を作り出してきた。それは社会における農と土の復権への提言でもあった。

有機農業は長い間、空論だ、暴論だと退けられてきた。しかし、日本でも今世紀になってようやく「有機農業推進法」が制定され、国も有機農業支援に動き出すところまでやってきた。また、有機農業の技術的特質として、「低投入・内部循環・自然共生」の三つとその関連が明確に指摘されるようになり、さらに実態としてもそうした方向での実践は各地に広がりつつある。まだ端緒的な段階ではあるが、明確な転換への論理は確立されてきているのである。有機農業の圃場ではどこでも豊かな土が甦ってきている。

だから有機農業の成功は、たんに有機農業だけの問題ではない。有機農業の成功で地球的世界の再生に確かな道を開くことが期待されているのだ。

食育基本法制定と「和食」の世界遺産登録

有機農業推進法制定の前年（二〇〇五年）には食育基本法が制定されている。その前文では現代社会における「食の危機」と「食育の重要性」について次のように述べている。

社会経済情勢がめまぐるしく変化し、日々忙しい生活を送るなかで、人々は、毎日の『食』の大切さを忘れがちである。国民の食生活においては、栄養の偏り、不規則な食事、肥満や生活習慣病の増加、過度の痩身志向などの問題に加え、新たな『食』の安全上の問題や、『食』の海外への依存の問題が生じており、『食』に関する情報が社会に氾濫する中で、人々は、食生活の改善の面からも、『食』の安全の確保の面からも、自ら『食』のあり方を学ぶことが求められている。また、豊かな緑と水に恵まれた自然の下で先人からはぐくまれてきた、地域の多様性と豊かな味覚や文化の香りあふれる日本の『食』が失われる危機にある。

（中略）

国民一人一人が『食』について改めて意識を高め、自然の恩恵や『食』に関わる人々の様々な活動への感謝の念や理解を深めつつ、『食』に関して信頼できる情報に基づく適切な判断を行う能力を身に付けることによって、心身の健康を増進する健全な食生活を実践するために、今こそ、家庭、学校、保育所、地域等を中心に、国民運動として、食育の推進に取り組んでいくことが、我々に課せられている課題である。

そして本文第三条では食育の趣旨について次のように述べている。

食育の推進に当たっては、国民の食生活が、自然の恩恵のうえに成り立っており、また、食に関わる人々の様々な活動に支えられていることについて、感謝の念や理解が深まるよう配慮されなければならない。

こうした食育基本法の趣旨は私たちの有機農業論と密接に関連している。

さらに、二〇一三年には「和食」がユネスコの無形文化遺産に登録された。そこでは「和食」は次のように位置づけられている。日本は、南北に長く、四季が明確で、多様で豊かな自然があり、そこで生まれた食文化もまた、これに寄り添うように育まれてきた。このような、「自然を尊ぶ」という日本人の気質に基づいた「食」に関する「習わし」が、「和食：日本人の伝統的な食文化」としてまとめられた。「和食」の形は「ご飯」を食べるために「汁」と「菜」があるというもので、「一汁三菜」が基本となっている。「和食」の特色としては次の四点が挙げられている。

①　多様で新鮮な食材とその持ち味の尊重。

②　栄養バランスに優れた健康的な食生活。

③　自然の美しさや季節の移ろいの表現。

④　正月などの年中行事との密接な関わり。

有機農業はその創始のころから、健全な食との連携が強く意識され、健康に育った食材、穀物・イモ類・マメ類の重視、一物全部食、旬を大切にした食などを実践的に追求してきた。世界遺産になった「和食」もまた、有機農業の身土不二の精神と深く連関している。「和食」を少し突き詰めていけば有機農業との連携につながらざるをえないだろうし、有機農業も「和食」の基礎を提供する農のあり方となっていくだろう。

地球環境の危機は同時に食と健康の危機として人びとの日々の暮らしを黒雲で覆っている。食育基本法や「和食」の世界遺産登録などの食の見直し、温故知新の提唱は、社会からの有機農業の未来への強い期待感と受け止めることができる。

有機農業の成熟と展開は、そうした期待を十分に受け止め得る段階にまでさしかかりつつある。有機農業の第二世紀への移行は、その役割を果たすべきステージへの移行だと考えられる。このことを確認して本章の筆を置きたい。

【資料】

(1) 日本有機農業研究会　結成趣意書

科学技術の進歩と工業の発展に伴って、わが国農業における伝統的農法はその姿を一変し、増産や省力の面において著しい成果を挙げた。このことは一般に農業の近代化と言われている。

このいわゆる近代化は、主として経済合理主義の見地から促進されたものであるが、この見地からは、わが国農業の今後に明るい希望や期待を持つことは甚だしく困難である。

本来農業は、経済外の面からも考慮することが必要であり、人間の健康や民族の存亡という観点が、経済的見地に優先しなければならない。このような観点からすれば、わが国農業は、単にその将来に明るい希望や期待が困難であるというようなことではなく、きわめて緊急な根本問題に当面していると言わざるをえない。

すなわち現在の農法は、農業者にはその作業によっての傷病を頻発させるとともに、農産物消費者には残留毒素による深刻な脅威を与えている。また、農薬や化学肥料の連投と畜産排泄物の投棄は、天敵を含めての各種の生物を続々と死滅させるとともに、河川や海洋を汚染する一因ともなり、環境破壊の結果を招いている。そして、農地には腐植が欠乏し、作物を生育させる地力の減退が促進されている。これらは、近年の短い期間に発生し、急速に進行している現象であって、このままに推移するならば、企業からの公害と相俟って、遠からず人間生存の危機の到来を思わざるをえない。事態は、われわれの英知を絞っての抜本的対処を急務とする段階に至っている。

この際、現在の農法において行なわれている技術はこれを総点検して、一面に効能や合理性があっても、他面に生産物の品質に医学的安全性や、食味のうえでの難点が免れなかったり、作業が農業者の健康を脅かしたり、施用する物や排泄物が地力の培養や環境の保全を妨げるものであれば、これを排除しなければならない。同時に、これに代わる技術を開発すべきである。これが間に合わない場合には、一応旧技術に立ち返るほかはない。

とはいえ、農業者がその農法を転換させるには、多かれ少なかれ困難を伴う。この点について農産物消費者からの相応の理解がなければ、実行されにくいことは言うまでもない。食生活での習慣は近年著しく変化し、加工食品の消費が増えているが、食物と健康との関係や、食品の選択についての一般消費者の知識と能力は、きわめて不十分にしか啓発されていない。したがって、食生活の健全化についての消費者の自覚に基づく態度の改善が望まれる。そのためにもまず、食物の生産者である農業者が、自らの農法を改善しながら消費者にその覚醒を呼びかけることこそ何よりも必要である。

農業者が、国民の食生活の健全化と自然保護・環境改善についての使命感にめざめ、あるべき姿の農業に取り組むならば、農業は農業者自身にとってはもちろんのこと、他の一般国民に対しても、単に一種の産業であるにとどまらず、経済の領域を超えた次元で、その存在の貴重さを主張することができる。そこでは、経済合理主義の視点では見出だせなかった将来に対する明るい希望や期待が発見できるであろう。

かねてから農法確立の模索に独自の努力をつづけてきた農業者や、この際、従来の農法を抜本的に反省して、あるべき姿の農法を探求しようとする農業者の間には、相互研鑽の場の存在が望まれている。また、このような農業者に協力しようとする農学や医学の研究者においても、その相互間および農業者との間に連絡提携の機会が必要である。

ここに、日本有機農業研究会を発足させ、同志の協力によって、あるべき農法を探求し、その確立に資するための場を提供することにした。

趣旨に賛成される方々の積極的参加を期待する。

（昭和四六年一〇月一七日）

（2）日本有機農業研究会　生産者と消費者の提携の方法（提携の一〇カ条）

①　生産者と消費者の提携の本質は、物の売り買い関係ではなく、人と人との友好的付き合い関係である。すなわち両者は対等の立場で、互いに相手を理解し、相扶け合う関係である。それは生産者、消費者としての生活の見直しに基づかねばならない。

②　生産者は消費者と相談し、その土地で可能な限りは消費者の希望する物を、希望するだけ生産する計画を立てる。

③　消費者はその希望に基づいて生産された物は、その全量を引き取り、食生活をできるだけ全面的にこれに依存させる。

④　価格の取決めについては、生産者は生産物の全量が引き取られること、選別や荷造り、包装の労力と経費が節約される等のことを、消費者は新鮮にして安全であり

美味な物が得られる等のことを十分に考慮しなければならない。

⑤　生産者と消費者とが提携を持続発展させるには相互の理解を深め、友情を厚くすることが肝要であり、そのためには双方のメンバーの各自が相接触する機会を多くしなければならない。

⑥　運搬については原則として第三者に依頼することなく、生産者グループまたは消費者グループの手によって消費者グループの拠点まで運ぶことが望ましい。

⑦　生産者、消費者ともそのグループ内においては、多数の者が少数のリーダーに依存しすぎることを戒め、できるだけ全員が責任を分担して民主的に運営するように努めなければならない。ただしメンバー個々の家庭事情をよく汲み取り、相互扶助的な配慮をすることが肝要である。

⑧　生産者および消費者の各グループは、グループ内の学習活動を重視し、単に安全食糧を提供、獲得するためだけのものに終わらしめないことが肝要である。

⑨　グループの人数が多かったり、地域が広くては以上の各項の実行が困難なので、グループ作りには、地域の広さとメンバー数を適正にとどめて、グループ数を増やし互いに連携するのが、望ましい。

⑩ 生産者および消費者ともに、多くの場合、以上のような理想的な条件で発足することは困難であるので、現状は不十分な状態であっても、見込みある相手を選び発足後逐次相ともに前進向上するよう努力し続けることが肝要である。

（一九七八年一一月二五日、第四回全国有機農業大会で発表）

（3）有機農業推進議員連盟 設立趣意書

農業は、本来、自然界における物質の循環に依存し、かつ、これを促進する生産活動である。

しかるに、戦後の農業は、化学肥料と化学農薬に過度に頼るなど、環境に負荷を与え、土壌劣化や地下水・大気等の汚染、生態系の破壊など様々な問題が生じ、ひいては、農産物の安全や人の健康をも脅かされる結果となっている。二〇〇三年度の農林水産省調査によると、国民の八割が「農畜水産物の生産過程での安全性」が不安であるとし、生産者に望むことの五割が「安全・安心」、次いで二割が「有機栽培、無農薬・減農薬」となっている。

このような国民の食の安全・安心へのニーズに応え、我が国農業の持続的な発展を図るためには、化学合成物質を多投入する生産方式を改め、生産性等に留意しつつも環境負荷を軽減した生産方式（環境保全型農業）に転換することが重要であり、これは国の責務と考える。なかでも、有機農業は、有機性資源のリサイクルを重視し、化学肥料と化学農薬を使用しない生産方式であることから、最も環境保全に資するものと考えられ、この推進が肝要である。

諸外国においては、一九八〇年代から、環境負荷を軽減した農業に取り組む生産者を支援する直接支払いや、有機農業に転換する際の減収に対する補償措置などが法的にも整備・強化されてきており、気候風土の違いもあるが、我が国に比べて有機農業の取組が進展している国もある。

我が国における有機農業の取組は、三〇余年前に草の根で始まり、人間も自然の一部であることを自覚し、「身土不二」を掲げる生産者と消費者との「顔の見える関係」のもと育まれてきた。国による環境保全型農業を推進する政策は一九九二年に始まり、一九九九年の「食料・農業・農村基本法」に農業の有する自然循環機能の維持増進の必要性が明記された。その具体策として、環境保全型農業の導入計画について認定を受けた

「エコファーマー」に対する課税特例等が講じられている。また、二〇〇一年、ＪＡＳ法に「有機農産物等の検査認証制度」が導入され、不適切な有機表示を排除している。さらに、先駆的な自治体において、様々な独自の支援策が講じられている。

しかしながら、有機農業をめぐる現状は厳しく、依然として取組が進展しているとは言い難い。二〇〇二年度における有機農産物の生産は国内生産量の一パーセントに満たない水準にあり、また、二〇〇三年におけるＪＡＳ有機認証農家の販売農家に占める割合は〇・二パーセント、エコファーマーも一七パーセントとごくわずかである。二〇〇三年末には「農林水産環境政策の基本指針」が策定されたが、本年夏に示された「新たな食料・農業・農村基本計画」の中間論点整理における具体的な施策では、「農業者が最低限取り組むべき規範」を策定し、その実践を各種支援策の要件とすることや、環境保全への取組が特に強く要請される地域でのモデル的な取組に対して支援することにとどまっている。

我々は、人類の生命維持に不可欠な食料は、本来、自然の摂理に根ざし、健全な土と水、大気のもとで生産された安全なものでなければならないという認識に立ち、自然の物質循環を基本とする生産活動、特に有機農業を積極的に推進することが喫緊の課題と考える。

よって、ここに「有機農業推進議員連盟」を設立し、我が国の気候風土等に適した有機農業の確立とその発展に向け、有機農業実践者、消費者、行政、研究者等との連携のもと、我が国及び諸外国の有機農業の実態と問題点を調査研究し、法的な整備も含めた実効ある支援措置の実現を図ることとしたい。

以上の趣旨に御賛同を賜り、本議員連盟に多くの方々の御参加・御協力を賜れば幸甚である。

二〇〇四年一一月吉日

【参考文献】


中島紀一（二〇一三）『有機農業の技術とは何か』農文協。

中島紀一（二〇一一）『有機農業政策と農の再生』コモンズ。

中島紀一・西村和雄・金子美登（二〇一〇）『有機農業の技術と考え方』コモンズ。

第2章　アメリカの有機農業

——「オーガニック」を超えて「ローカル」へ——

大山利男

大山利男
（おおやま　としお）

1961年，栃木県生まれ。
立教大学経済学部准教授。

東京大学大学院農学系研究科博士課程単位取得退学，博士（農学）。財団法人農政調査委員会，FiBL（スイス・有機農業研究所），農林水産省農林水産政策研究所などを経て，現職。国内外の有機基準認証制度にくわえて，アメリカ，ヨーロッパ（スイス，ドイツ等）諸国の農業政策と有機農業経営に関する実証研究をすすめる。著書『有機食品システムの国際的検証――食の信頼構築の可能性を探る』（日本経済評論社，2003年），『有機農業と畜産』（筑波書房，2004年）ほか，調査報告書，訳書など多数。

1　社会運動としての有機農業の展開

アメリカの有機農業はどこに向かうのか

二〇一四年四月九日、小売業界最大手の米国ウォルマートは、「ワイルドオーツ」ブランドで有機製品の販売を開始すると発表した。ジャック・シンクレア上級副社長（食料品部門担当）によれば、ウォルマートの内部顧客調査でも明らかなとおり、有機製品を購入するときの一番の障害は費用（価格）であり、それに対するウォルマートの考え方はとてもシンプルであるということ、すなわち「有機食品を食べたいという人たちがそれにもっと多くを支払うべきだ、とは考えない」と述べている。そのうえで、米国ウォルマートは有機製品を広範囲にわたる品揃えで、しかも価格プレミアムのつかない手頃な価格帯で本格導入する、と宣言したのである。また、その有機製品は、米国第二位の自然食品スーパーマーケット・チェーンであった「ワイルドオーツ」のブランドで販売されることも表明したのである。

このプレスリリースは、さまざまな意味で注目を集めたが、まさに現在のアメリカの有

表1　米国ウォルマートの「ワイルドオーツ」ブランド製品小売価格（参考）

ワイルドオーツ・マーケットプレイス・オーガニック製品（重量）	ワイルドオーツ製品小売価格	比較対象品製品小売価格	価格差
トマト・ペースト（6 oz）186g	$0.58 70円	$0.98 118円	41%
チキン・ブロス（スープ）（32 oz）992g	$1.98 238円	$3.47 416円	43%
シナモン・アップルソース（24 oz）744g	$1.98 238円	$2.78 334円	29%

注：1oz.（オンス）＝31グラム、1米ドル＝120円とした。
出典：Walmart and Wild Oats Launch Effort to Drive Down Organic Food Prices: Nation's Largest Grocer Works with Organics Pioneer to Relaunch Brand and Save Customers 25 Percent or More on Organic Groceries
http://news.walmart.com/news-archive/2014/04/10/walmart-and-wild-oats-launch-effort-to-drive-down-organic-food-prices（2015年3月6日閲覧）

機農業シーンを象徴する出来事であったといえる。有機製品を豊富な品揃えと手頃な価格帯で、しかも全米各地のどこの店舗でも購入できる利便性を実現するというのであるから、それ自体は誰しも歓迎すべきことであろう。しかし他方で、このようなことが本当に有機農業のめざしてきたことなのか、何かがちがうのではないか、そんな雰囲気も少なからず感じられるのである。

有機農業の源流

さて、アメリカの有機農業は、その源流の一つに『有機農法（Pay Dirt）』（一九四五年）で著名なJ・I・ロデール（一八九九～一九七一）の有機農業がある。ロデールは専門の農学者でも農業者でもなかったが、イギリスのA・ハワード『農業聖典』（一九四〇年）の影響を強く受けて、ハワードが提唱する有機農業の実践をペンシルヴァニア州で始めた。これがアメリカの有機農業の始まりとされている。ロデールの基本的な考え方は、地力再生産には有機質が不可欠であり、その当時広まりつつあった化学肥料や農薬など化学資材には依存しない農業をめざしていた。有機物の土壌還元を重視した、堆肥投入による健康な食物生産を実現しようとするもので、今日でも有機農業のもっとも基本的な考え方といってよい。またロデールは有機農業の実践だけでなく普及活動にも熱心で、自らロデール・プレス社を設立し、専門の月刊誌『有機園芸』や数多くの著書を刊行した。

アメリカの有機農業は、このような実践と普及活動によって、まずは農業者の間で徐々に広がったのである。

有機農業運動の社会的広がり

しかし、アメリカの有機農業はその後のあゆみをみてみると、いくつかの時期を経てロデールの時代とは比べものにならないほど社会的にも経済的にも大きな発展をとげる。とくに今日の有機農業に結びつく直接的な動きとしてあったのは、一九七〇年代以降の全米各地で活発化した社会運動としての有機農業運動であろう。

この時期の有機農業の特徴は、カウンター・カルチャーの思想やさまざまな実践運動の影響を受けていることである。有機農業に参入した若い農業者の多くが、環境破壊・環境汚染に対する問題意識やそこから派生した自然志向（エコロジー）、健康志向の価値観、地域社会（コミュニティ）のあり方を問う問題意識などを共有しており、これらが有機農業運動の大きなバックボーンになっていた。有機農産物を求める人たちも、おおむね共通の問題意識や価値観をもつ人たちであり、近接する地域のなかで、健康な「食」「農」「環境」を希求する人たちが有機農産物の消費者になっていった。有機農業は、農業者だけが取り組むものではなく、それを支援する人たちの広がりをもって展開することになったのである。

この時期の有機農業のもう一つの特徴は、いま述べた社会運動的な性格をもった有機農業から、さらに生産技術的にも経営的にも有機農業には有利点があることに着目して有機農業に転換する農業者が増えたことである。彼らは、すぐれた生産技術と経営感覚をもった、その意味でのプロ意識ももった農業経営者であった。一般にみられる商業的農場と同じように、通常の競争的市場に出荷しなければならない経営環境のもとで、彼らは現実主義の有機農業者としての力をつけていく。一九七三年に発足した最初の有機農業団体「C

ＣＯＦ」（California Certified Organic Farmers：カリフォルニア認証有機農業者協会）の会員は、有機農業運動の問題意識や価値観を共有しつつ、そのような一面をもった有機農業者たちでもあった。ＣＣＯＦでは、発足当初から有機基準・認証プログラムの開発に向けた議論を始めているが、その理由は、すでに顕在化していた有機表示の混乱の防止と、有機表示による有機農業者自らの利益確保・保護が何よりも必要であることを、もっとも早期から認識していたからである。

有機農業団体に着目するという意味で、同じ一九七三年に発足した「ティルス（Tilth）」についてもふれておきたい。ティルスは、太平洋岸北西部とよばれるワシントン州、オレゴン州の各地域で、それぞれ独立して活動していた小規模農業者、都市農業者、環境保護運動家、食品問題の活動家、農業技術の研究者たちによって発足した団体である。彼らの目的は、有機農業や持続的農業とよばれていた「新しい農業」（ニュー・アグリカルチャー）を作るための、意見交換や情報交換のネットワーク作りであった。もともと伝統的に環境保護意識の高い地域といわれているが、一九七四年の「オルタナティブ・アグリカルチャー北西部会議」では八〇〇人近い参加者があったことからも、有機農業に関心を寄せる人たちの社会的な広がり、運動としての盛り上がりのほどがよくわかる。その後、有力な民間有機認証団体の一つとなる「オレゴン・ティルス」（ＯＴＣＯ：Oregon Tilth Certified Organic）も、ティルスの地域支部の一つであった。

有機・自然食品を求める消費者の広がり

有機農業運動の広がりは、いわゆる一九六〇年代から七〇年代の「ニュー・ウェーブ」と称される「フード・コープ」（消費者協同組合）や共同購入型の「バイイング・クラブ」（共同購入グループ）とも呼応するところがあった。ニュー・ウェーブとは、やはりカウンター・カルチャーの思想、哲学を反映した協同組合運動の新しい波のことで、オルタナティブな生活を実現したい人々、健康を重視した食品を求める人々が中心となって、各地でフード・コープやバイイング・クラブを設立している。筆者がかつて調査した一九九〇年代後半でも、フード・コープの平均組合員数は三〇〇〇人程度で、事業高も三〇〇〜四〇〇万ドル、店舗は一店舗か数店舗を保有するにとどまるものが多かった。日本国内の大規模化している生協（生活協同組合）とはかなりの違いがある。

フード・コープのなかでも、とくに「ナチュラル」「オーガニック」に特化した「ナチュラルフード・コープ」には、スーパーマーケット・チェーンが支配的なアメリカ社会においてなお根強く事業を継続しているものがある。有機・自然食品を求める消費者の高い目的意識と強いメンバーシップがあるからにほかならない。有機農業を支持する強力な消費者を組織してきたといえる。

有機農業を支持する消費者の広がりという点で、その後の一九八九年二月の出来事にもふれておかなければならない。いわゆる「アラー問題」とか「アラー・サンデー」とよばれる、リンゴ栽培で一般に使用されていた成長調整剤「アラー」をとりあげた特集番組が放映され、大きな反響が巻き起こった出来事である。全国テレビ放送網ＣＢＳが放映したこの番組は、もっとも日常的な果物であるリンゴの安全性への疑念や、学校給食における子供たちへの影響が懸念されるなど一時的な社会現象となった。この年、アメリカではリンゴ販売額が激減するが、有機リンゴをはじめとして有機食品全般に対する関心は一気に高まり需要も大幅に増加したとされている。

この「アラー問題」は、テレビ放送の影響力がいかに大きいかをあらためて認識させることになったが、それと同時に、安全な「食」「農」「環境」に関心をもつ市民の裾野を一気に広げることになった。有機食品は特別なものではなく誰もが需要する商品カテゴリーへと大きく変化したのである。

2　有機認証の必要性と必然性

民間有機農業団体による有機認証

さて、ここでもう一度、農業者（生産者）側に焦点をもどすならば、アメリカにおいて有機農業者の組織化がすすむのは一九七〇年代であった。この時期に発足した主要な「有機農業団体」には、ＣＣＯＦ、オレゴン・ティルス、ＯＣＩＡ（Organic Crop Improvement Association：有機作物改良協会、一九七四年）などがあった。これらの団体は、有機農業者が主要構成メンバーであり、主な活動内容は、彼らの有機農業（生産技術、経営管理など）に対して助言・サポートすることであり、広く社会に対して情報発信や政策提言活動を行うことであった。しかし、より大きな活動の柱になっていくのが有機基準・認証プログラムの開発と、その普及活動・運営であった。

たとえばＣＣＯＦは、有機基準・認証プログラムの意義を次のように表明している。

有機農産物に対する関心（需要）が高まるにともない、「有機」農産物を生産する新規参入が増えて流通量も増えたが、表示と内容に混乱が生じるようになっていた。この問題は、「有機」という言葉の曖昧さに由来するもので、有機農業団体の多くはこのことを非常に問題視するようになった。偽称「有機」農産物は有機農産物全体の価格を低下させるばかりか、その信頼性を損ねることになり、結果的に真の有機農業者にとって不利益である。（『CCOF認証ハンドブック一九九七』）

右記は、有機基準・認証プログラムの必要性と必然性を端的に表明しているが、その背景と効果についてもう少し補足説明する必要がある。それは、有機認証の対象領域が二つの方向性をもって開発された点にある。一つは、有機認証の対象製品が栽培作物（狭義の農産物）のほかに、加工食品、畜産物、繊維作物、観賞植物、工芸品、海産物等々へと拡大したことである（認証領域の水平的拡大）。もう一つは、狭義の農場生産の基準にとどまらず、消費者にいたるまでの加工、流通（とくに卸業、アメリカでいうパッカーの業務）など「取扱（Handling）」過程をすべてカバーする認証をめざしたということである（認証領域の垂直的拡大）。

このような認証領域の拡大は、一面で、アメリカ農業の本質に由来することであった。

消費者に直接販売できる機会に恵まれていれば、そもそも有機認証は必要ないといえる（「有機」を定義する基準は必要だとしても）。しかし、それは消費者へのアクセスに恵まれた都市近郊の有機農業者に限られており、その場合に需要される作物は生鮮の野菜・果実が中心になりがちである。実際、多くの農業者は遠隔の消費市場に依存しており、加工原料用の作物を生産している場合が少なくない。そのような場合、加工、流通、包装等の関連産業に大きく依存しなければならない。自ら生産した有機農産物を「有機」として最終消費者まで届けるためには、これら関連産業を含めた有機認証プログラムであることが必要なのである。アメリカの有機農業において、有機認証プログラムの必要性と必然性はまさにこの点にあったといってよい。

有機認証プログラムは、まず前提条件として有機基準が策定されていなければならず、それを当該事業者は正しく遵守していることを第三者によって検査（確認）されなければならない。このようなシステムは、農業者だけでなく関連事業者にも包括的に適用されるべく開発されてきた。したがって、その帰結として、有機認証は一つのシステムとして業界全体に適用され、有機農業者とそれに関わるすべての関係者を一貫した「有機」概念のもとに包摂するのである。今日、ここに包摂された有機農業者や取扱業者によって「有機セクター」という一つの産業部門が形成されている。有機認証は、この有機セクター全体の社会的信用を維持するための共通の仕組みとして機能しているのである。

有機認証の法制度化

有機基準・認証プログラムは、民間の有機農業団体が先行して開発し、運用を開始した。それぞれの有機農場が個別に「有機」を名乗っても、自称「有機」では知名度もなければ信頼を得ることもできない。しかし、より知名度をもった非営利組織の「有機」表示であればその信頼性も高くなる。そのため、どの有機農業団体も社会的知名度を高める活動を重視し、独自の有機表示（ロゴ、マーク）の普及宣伝に力を入れることになった。

図１　CCOFのロゴ

　ところで、民間の有機農業団体は率先して有機基準・認証プログラムの策定に取り組んだが、その背景には「有機」表示の曖昧さと混乱という問題が生じていたことを述べた。しかし、その問題はしばらく解消されなかった。有機農業団体・認証団体はあくまでも民間組織であったがゆえに、それぞれ開発した有機基準・認証プログラムの乱立状態が続き、その「有機」表示が絶対的な信頼を得るところまでいかなかった。ＣＣＯＦは、有機認証・有機表示における先駆者であり、デファクト・スタンダードに近い状態にあったといえるが、それでもカリフォルニア州内にはいくつもの有機認証表示をみることができた。有機表示に、より高い社会的信用を付与するうえでは、有機基準・認証プログラムの標準化と法制度化は必然であったといえよう。そして、ＣＣＯＦはこの取り組みにおいてもリーダーシップを発揮したのである。

カリフォルニア州は、州政府の有機法制としてもっとも早い一九七九年に「カリフォルニア州有機食品法（The California Organic Foods Act）」を制定している（一九九〇年に新法へと改定）。ＣＣＯＦを中心とする有機農業者たちの政治運動の成果であるが、この法律によって、カリフォルニア州の共通有機基準が制定され、有機表示を望む農業者は州政府に「登録」することが義務づけられた。このようにして、有機表示に一定の権威づけ効果ももたらされた。ここで興味深かったことは、カリフォルニア州有機食品法が義務的な州の有機基準と任意的なＣＣＯＦの有機基準の併存（共存）を可能にするものであったということである。

また、ワシントン州やコロラド州のように、州政府が有機認証を直接行うところも現れる（それぞれ一九八八年、一九八九年に開始）。これらの州は、民間の草の根運動や有機農業団体の政治的働きかけ（ロビー活動）が盛んな地域であったという点で共通する。これらの州政府が有機認証事業を直接行う意図として、表示の適正化による消費者保護と州内の有機農業支援ということがあった。

なお、ティルスの活動地域のうち、ワシントン州では州政府が有機認証事業を直接行うことになったが、オレゴン州では民間組織「オレゴン・ティルス」が有機認証を担うことになった。両州は、社会文化的に近似した地域と考えられ、またティルスの共通の活動地域であったが、対照的な政策対応になったことはたいへん興味深いことである。

全国有機プログラム（NOP）のインパクト

以上のように、当初は民間組織が先行して有機基準・認証プログラムを策定し、それぞれに有機表示を開始する。続いて、乱立した民間組織の有機基準・認証プログラムの標準化と権威づけを目的として、いくつかの州では有機認証・表示に関する法制度が整備され、有機認証を直接行う州政府も現れる。こうなると、次に連邦政府の対応が求められること は趨勢として必定であったといえる。なぜなら州政府の法規制や取り組みはあくまで州内に限られるからである。現実の有機農産物流通は州内で完結するわけでなく、むしろ州境をこえて米国全土を流通している。したがって、民間組織の表示であれば問題とならなかったことでも、州政府による法規制となれば各州内での遵守義務が生じる。それぞれ州政府の間で法規制に相違があれば、煩雑な確認作業が必要であり混乱を招く可能性がある。州政府によって有機表示規制の法制化がすすむことで、アメリカ全体でそれを標準化する必要性が生じることとなったのである。

有機表示規制に関する連邦レベルの法律は、一九九〇年農業法の中で「有機食品生産法」（ＯＦＰＡ：Organic Foods Production Act 1990）として成立する。この法律によって策定が求められた施行規則「全国有機プログラム」（ＮＯＰ：National Organic Program）の目的は次のようなことであった。

① 「有機」的な生産、販売、取扱方法について連邦レベルの統一基準を制定すること。
② 有機製品が一貫性のある統一的基準に適合したものであることを消費者に保証する

こと。

③　有機的に生産された生鮮・加工食品の州、国境を越えた商業活動の円滑化をはかること。

ところが、このＮＯＰの施行規則が制定されるまでに、有機食品生産法が成立してから一〇年の時間を要することになる。最終規則（Final Rule）の公表は二〇〇〇年一二月で、さらに施行は二〇〇二年一〇月であった。ともあれ、ＮＯＰの施行により、「有機」と表示して販売しようとするすべての有機農場や事業者は、第三者による検査を受けて、その遵守が証明されなければならなくなった。そして、有機表示の際は必ず「ＵＳＤＡ有機シール」を貼付することが義務づけられることになったのである。

図２　USDA有機シール

　ＮＯＰ規則の制定は、アメリカの有機農業運動にとって一つの大きな目標であり、成果であった。その全国的な運動の中心であり首都ワシントンでのロビー活動の主役となったのがＯＦＰＡＮＡ（Organic Foods Production Association of North America：北米有機食品生産協会）である。ＯＦＰＡＮＡの発足は一九八五年で、全米各地の有機農業団体、認証団体、農業以外の関連産業の組織・会社などで構成された傘下組織であった。後にＯＴＡ（Organic Trade Association）に改組されて、より産業界主導のロビー活動になったと批判されたりもするが、有機農業界の政治的はたらきかけは、アメリカの草の根民主主義そのものだったといえる。

ＯＦＰＡＮＡにとって、有機食品生産法（一九九〇）の制定はもっとも大きな運動の成果の一つであるが、前述したとおり、その施行規則であるＮＯＰの策定・施行までには一〇年以上を要することになる。ＵＳＤＡ（米国農務省）が最初に提示した規則案には、有機農業界からみて大きな問題点がいくつもあった。たとえば「有機」であるにもかかわらず遺伝子組換え技術や遺伝子組換え体（ＧＭＯ）の使用を排除していなかったことや、有機農業界の声を反映させる仕組みが十分でなかったこと、などがある。これらはその後、遺伝子組換え体は使用できないこと、また全国有機基準委員会（ＮＯＳＢ）に有機農業者や関連事業者が参画することで改善されるが、それにしてもＮＯＰ制定までに一〇年の時間がかかったことは、有機農業界が提起してきた「農」と「食」の問題が、既存の産業界・

農業界にとって受けいれがたいものであり、一筋縄で解けるものではなかったことを物語っている。

有機基準の法制化とシーリング効果

ＮＯＰの制定をめぐってＵＳＤＡと有機農業界との間で論争になったもののうち、日本ではあまり注目されなかった論点の一つに「シーリング（Ceiling）」という問題があった。アメリカで、民間の有機農業団体や認証団体が当初考えていたことは、有機基準の法制化はミニマム・スタンダード（最低基準）の制定であって、より高いレベルの民間の有機基準を制限するものではなかった。ところがＮＯＰの有機基準は、民間の有機基準・認証システムに対してシーリング（「天井」すなわち「上限」）の効果をもつものであった。つまり、有機認証において適用される（ＮＯＰ以外の民間の）有機基準の内容は、ＮＯＰ有機基準のそれを下回っても上回ってもいけないということになったのである。ＮＯＰが定める有機基準以外の有機基準の適用が、事実上禁止されることになれば、ＵＳＤＡの有機ロゴ（ＵＳＤＡ有機シール）以外の有機表示は認められないということであり、表示する意味もなくなる。これまで有機農業団体や認証組織が開発してきた有機基準はすべてＮＯ

Ｐ規則の有機基準に収斂されて、検査・認証活動はＮＯＰ規則のための「検査」に置き換わることと同然であった。

この点は、日本の有機ＪＡＳ制度もＮＯＰと同じ制度設計といえる。ただ、日本ではさいわいと言うべきか、有機ＪＡＳ制度の導入以前に民間の有機認証表示が必ずしも普及していたとはいえず、この問題はほとんど意識されることがなかった。むしろこの問題は、ＥＵ諸国においてしばらく論争が続くことになる。ＥＵは、統一の有機ロゴ「ＥＵリーフ」の制定とその表示の義務化をすすめようとしていたが、民間の有機農業界から多くの反対意見が寄せられて、しばらく義務化することができなかった。ヨーロッパ諸国では、すでに民間団体の有機基準・認証プログラムの実績があり、その有機表示（ロゴ・マーク）は消費者に広く認知されていた。しかも、ＥＵ有機規則よりも厳しい基準であり、もともと厳しい基準をクリアするための努力に対する対価として価格プレミアムが支払われていると考えられてきた。ボランタリーシステムとしての有機表示の意義もそこにあると考えられてきた。したがって、すでに名声を確立している有機表示が、法制化されたミニマム・スタンダード（有機基準）に置き換えられてしまっては、しかも緩い基準にシーリングされてしまっては、これまでの有機認証プログラムの開発・普及の努力も利益もほとんど意味を失ってしまう。慣行生産された農産物・食品との差別化はできるかもしれないが、これまでのような評価と付加価値、価格プレミアムは期待できなくなるのではないか。欧米諸国の有機農業団体が、こぞって問題視した理由がそこにある。なお現在、ＥＵ諸国ではＥＵリーフの表示は義務づけられているが、民間の有機ロゴ・マークの併記も許容されている。シーリングの問題はとりあえず回避されているといえる。

3　アメリカの有機農業の展開状況

有機農場数・農地面積の推移と地域分布

さて、現在のアメリカの有機農業について、あらためてその展開状況を概観しておこう。まず有機農場数であるが、ＵＳＤＡの公表データによれば、二〇一一年の有機農場数は一万二八八〇であった。もっとも多い州のトップ五は、カリフォルニア（二五三〇農場）、ウィスコンシン（一一二四農場）、ニューヨーク（八四二農場）、ワシントン（七三七農場）、ペンシルヴァニア（六六五農場）である。地域的に、西海岸、中西部地域の北部（アッパー・ミッドウェストとよばれる）、東海岸北東部にかなり偏在して分布している。とくにカリフォルニアの突出ぶりが際立っている。

次に有機農地面積であるが、USDAのデータでは、耕種部門の「耕地」と畜産利用の「放牧地」に分けられている。グラフでも明らかなように、耕地・放牧地ともに着実に面積拡大を続けて、二〇一一年の耕地面積（耕種）は一二三・四万ヘクタール（全耕地の〇・八三パーセント）、放牧地は九一・九万ヘクタール（全放牧地の〇・四九パーセント）であった。なお、放牧地は生産限界地域での粗放的な土地利用も含まれるため、天候条件等によって土地利用状況の変動幅が大きい。その点は留意が必要である。

そこで「耕地」についてみてみると、耕地は絶対面積としてだけでなく、国内農地面積に占める割合としても、二〇〇五年に〇・四六パーセント、二〇〇八年に〇・七一パーセント、二〇一一年に〇・八三パーセントとわずかずつであるが拡大している。二〇一一年の耕地面積の広い州のトップ五は、カリフォルニア（一六・二万ヘクタール）、オレゴン（一三・〇万ヘクタール）、モンタナ（六・七万ヘクタール）、ニューヨーク（六・三万ヘクタール）、ウィスコンシン（六・三万ヘクタール）であった。これを「野菜」生産面積に限ると、カリフォルニアが三・五万ヘクタールと際立って突出しており、続いてフロリダ（一八三七ヘクタール）、オレゴン（一八三二ヘクタール）、ノースカロライナ（一七八九ヘクタール）、ワシントン（一五六七ヘクタール）の順となっている。

有機畜産についても認証家畜数をみておくと、「肉牛」の多い州のトップ五は、テキサス（四万五七九〇頭）、カリフォルニア（一万四〇二四頭）、ワイオミング（五二一六頭）、サウスダコタ（三九九一頭）、アイダホ（三七九三頭）であった。また「乳用牛」の多い州のトップ五は、カリフォルニア（五万七八〇九頭）、ウィスコンシン（三万一八七四頭）、ニューヨーク（二万八四四六頭）、テキサス（二万四一〇一頭）、ペンシルヴァニア（一万五九九二頭）であった。

現在、カリフォルニアは世界一の農業地帯といってよいが、有機農業においても圧倒的な存在となっている。

また、以上のことにくわえて、アメリカの有機農業を概観したときに、次のような特徴があることも補足しておきたい。まず、有機農業者は新規参入者が多く、平均年齢も若いということである。農業を始めてまだ一〇年以内という農業者の割合は、全農業者平均の一八パーセントに対して、有機農業者の場合は二七パーセントと高かった。また、四五歳未満の農業者の割合は、全農業者でみると一六パーセントであったのに対して、有機農業者の場合は二六パーセントと高かった。

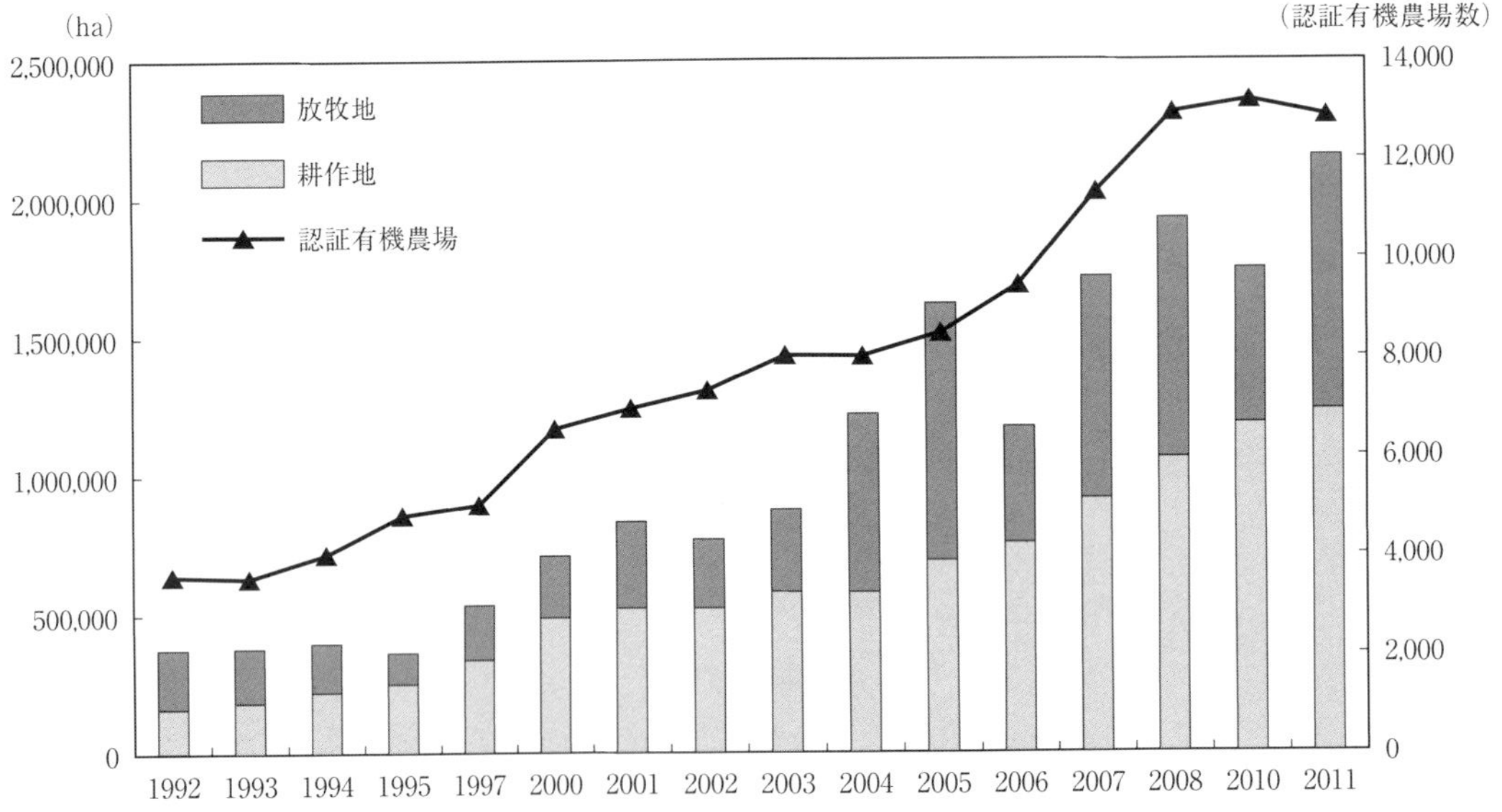

図３　アメリカの認証有機農場数・農地面積の推移

出典：米国農務省経済調査局（USDA/ERS）のデータをもとに作成

それと、農務省全国農業統計局（ＵＳＤＡ／ＮＡＳＳ）の報告書〝2012 Census of Agriculture Organic Special Tabulation〟（二〇一四年九月公表）によれば、有機農場は「消費者への直接販売」が多いことが強調されている。アメリカ国内の全農場平均で、わずか七パーセントの農場が消費者への直接販売をしているが、有機農場に限ればその四二パーセントが直接販売をしていることが明らかにされている。また有機農場は、果実・野菜といった作物のほぼ九〇パーセントを直接販売していることも指摘されている（ただし畜産物の直接販売額割合は五〇パーセント弱と少なかった）。

有機食品市場と販売チャンネル

アメリカの有機市場について、農務省経済調査局（ＵＳＤＡ／ＥＲＳ）が参照する業界データ（The Nutrition Journal）によれば、二〇一二年の「有機」販売総額は二八四億ドル、二〇一四年は三五〇億ドルと予測されており、食品販売総額に占める割合は四パーセントを超えている。

有機食品市場における品目ごとの販売額割合は、生鮮「果実・野菜」がもっとも多く、有機食品販売総額の四三パーセントを占めており、続いて「乳製品」一五パーセント、「調理済み食品」一一パーセント、「飲料」一一パーセントであった。この一〇年間の傾向は、「食肉・魚類」が一・九パーセントから三・一パーセントに若干伸びているとはいうものの、全体として販売額割合に大きな変化はみられない。

有機食品の主な販売経路は、①慣行の食料品店、②自然食品店、③消費者への直接販売、の三つとされている。ところがOTAによれば、販売額ベースでみると、有機製品のほとんど（九三パーセント）はスーパーマーケット・チェーンを通して販売されているという調査結果がある。つまり有機製品の多くは全国規模の流通網を通して消費者に供給されているのである。

他方、有機製品のあとの七パーセントがファーマーズ・マーケット、フードサービス（レストラン・ケータリングなど）、その他流通チャンネルを通して販売されている。有機製品の販売方法でもっとも特徴的なことは「消費者への直接販売」であると述べたばかりであるが、実はそのような販売経路の有機製品は数量的に、金額的に多くないのである。直接販売する有機農場数はたしかに多いけれども、一部の経営規模拡大した有機農場によって大量生産され、食料品店（スーパーマーケットなど）に流通する有機製品の方が圧倒的に多いのである。

4　連邦政府の有機農業支援

二〇一四年農業法における有機農業

アメリカの農業政策は、基本的にほぼ五年ごとに制定される農業法（いわゆる「Farm Bill」）に依拠している。また、連邦議会（上院・下院）とその農業委員会・小委員会における共和党、民主党の議席配分によっても大きく左右される。そのようななかで、「有機食品生産法（ＯＦＰＡ）」が一九九〇年農業法のなかで制定されたことは画期的な出来事であった。しかし、二〇〇〇年に施行規則が公表されるまでに一〇年もかかった道のりをみれば、有機農業がアメリカの農業政策においてどのような位置づけにあったかは明らかである。有機農業は、政策全体からみてニッチな分野にすぎないばかりか、その方向性に相いれないものがあった。ＵＳＤＡがようやく提示した規則案（一九九七年）において、たとえば遺伝子組換え技術が排除されていなかったことはその典型である。

とはいえ、アメリカの農業政策において、有機農業はしっかりと地歩を築いてきたこともたしかである。二〇〇八年農業法に引き続いて、とくに二〇一四年農業法にそのことは顕著である。OTAの特別編集委員であるB・F・ハウマンは、二〇一四年農業法を画期的なマイルストーンだとして次のように評価している（Haumann 2015）。

有機農業は、アメリカの農業経済において活気ある成長部門とはいうものの、慣行農業にくらべて、農業法のなかで表舞台にはなかった。しかし、二〇一四年農業法でそれは変わった。有機セクターからのすべての〝Asks〟（政策要求）に応える条項が含まれていた。次のようなことである。

① 全国有機プログラム（NOP）の予算を増額する。
② 作物保険における、有機生産向けの価格選択肢の開発に積極的に取り組む。
③ 認証コスト・シェア基金を復活する。認証された有機農業者、有機取扱事業者は認証費用の一部を払戻金として受け取ることができる。
④ 慣行農業者・事業者に課されている「チェックオフ・プログラム」の課徴金を、有機事業者に対しては免除を拡大する。
⑤ 有機セクターでも、有機業界団体加入者が資金提供をして有機研究・販売促進プロ

グラム（有機チェックオフ：organic check-off）をすすめることができるようにする。

⑥ＵＳＤＡマーケット・アクセス・プログラムの基金を予算化する。これによって、世界中で販売に従事するアメリカの有機事業者を支援する。

有機農業は、このように政策的にも推進されるべき農業として位置づけられ、その具体的な施策も明記されることとなった。二〇一四年秋の中間選挙によって上下両議会とも共和党が与党になっており、揺り戻しがないとはいえないが、今後の予算執行状況は注目しておきたい点である。有機農業は、まちがいなくアメリカの農業政策における表舞台に登場するようになったのである。

なお、右記の④でふれている「チェックオフ・プログラム」とは、法律に基づいて業界団体が生産者などから農畜産物の取引時に課徴金を徴収し、それを原資として農畜産物の販売促進、消費拡大、知識の普及、調査研究などを行うことができるというものである。代表的なものとしてカリフォルニア牛乳加工業者委員会（California Milk Processor Board）の〝Got Milk?〟キャンペーンや、アメリカ鶏卵委員会（American Egg Board）の〝The Incredible Edible Egg〟などは、テレビ・コマーシャルでよく知られている。これまで有機農業者はこのような活動（慣行農畜産物の普及啓発活動であるにもかかわらず）に対してひとしく課徴金を支払ってきたが、二〇一四年農業法ではその免除枠が拡大されるということである。また、有機セクターによるチェックオフ・プログラムの可能性も示唆している。有機農業・有機食品も、たとえば〝Got Milk?〟キャンペーンと同じようにテレビ・コマーシャルで人気を博すことができると、有機製品ニーズはよりいっそう高まり、ひいては有機農業・有機セクター全体の発展に大きく貢献するのかもしれない。

他国との同等性協議と輸出政策

現在、世界の主要国政府の間では、有機認証・表示規制の「同等性」に関する協議（equivalency arrangement）がすすめられ、合意に達するケースが増えている。各国政府が制定している有機認証・表示規制は、通常、国内法である（それしかあり得ない）。国境を越えて輸入された有機製品を「有機」と表示して国内で販売する場合も、やはり国産の有機製品と同じ法規制を適用するのが通例である。したがって、輸入国側の有機事業者や認証機関は輸出国における有機生産・加工の実態を逐一確認できていることが必要であり、そのために有機検査員を随時派遣する必要に迫られる。有機認証はきわめて高コストになることが必定である。このことが、国際的ネットワークをもつ検査機関・会社が活躍する背景になっている。また、輸出国側では、輸入国の有機認証に関する法規制を十分に研究して、それに対応した生産をしなければならない。その場合、有機基準・認証手続きを逐一確認することは繁雑な作業である。また、つぎはぎの一貫しない有機認証プロセスになってしまうとわかりにくく、信頼性の低い有機表示になってしまう。

各国政府が定める現行の有機基準は、ほとんどがコーデックス委員会（FAO／WHO合同食品規格委員会）の有機ガイドラインを参照していると考えられ、認証プロセスに関する規制も実質的にほぼ標準化している。しかし、使用を一部許容する有機資材リストについては微妙に差異がみられるなど確認作業は必要であり、そのことが有機製品の円滑な輸出入の障害になっている。

このため、自国の有機認証・表示規制と他国のそれが標準化されて、それを政府が「同等」と認めることができれば、有機農業者・事業者は他国のそれを逐一確認する作業を省略できる。有機検査員を派遣する必要もなくなる。つまり、同等性を認めた国において、正しく有機認証された有機製品は、そのまま自国でも「有機」と表示して販売できるということなのである。このような国際協調は「ハーモニゼーション」とも呼ばれる。現在すすめられている「同等性」協議は二国間合意を求めるものだが、さまざまな国同士の合意が錯綜すると、「友だちの友だちは友だち」といった関係が広がり、事実上の国際標準化がさらにすすむことになる。

アメリカは、この「同等性」を認める協定を積極的にすすめてきた。二〇〇九年にカナダと、二〇一二年にEUと、二〇一三年に日本と、そして二〇一四年に韓国との合意に達している。このような有機認証・表示規制の共通化によって、有機製品の輸出入機会のドアは大きく開けられることになる。アメリカは、この同等性協定をあらたな農産物輸出の機会と考えているようである。

5 有機農業の近未来

有機農業の慣行化

有機農業では、「有機的（organic）」の対概念として「慣行的（conventional）」という用語がしばしば使われる。慣行的とは「一般的な」「通常の」「慣習となっている」といった意味であり、「慣行農業」といえば化学合成資材の使用を前提とした「近代農業」のことを指す。また、「有機」（オーガニック）という用語は、今日では狭義の生産技術的な方法を指すにとどまらず、その前提にある考え方や価値観、さらにそれを具現化した様式などを表現することがある。また有機製品を取り扱う産業全体を指して「有機セクター」と表現することもあり、かなり広い意味で使われている。有機農業とそれに関連した事象に特徴的なことを「オーガニック」というならば、そうでない事象は「コンヴェンショナル」ということである。

さて、アメリカの有機農業を語るときに、有機農業の「慣行化」という逆説的現象にふれなければならない。とくにカリフォルニアでは、一九九〇年代から有機農業経営の規模拡大、生産の集中化、零細有機農場の認証制度からの退出・脱落、離農といった現象が先鋭的に起きていた。また加工や流通を担う「取扱事業」の分野では（これはカリフォルニアに限らないが）、大手資本の参入やスーパーマーケット・チェーンの参入が顕著に見られるようになる。このような社会経済現象を的確に指摘したのがカリフォルニア大学サンタクルーズ校の社会学者J・ガスマンである。彼女は、その著書『アグラリアン・ドリームス』（二〇〇四）で、カリフォルニアでもっとも顕在化したこの現象を、有機農業の「慣行化（conventionalization）」と表現し、カリフォルニア有機農業の展開過程を詳細かつ克明に描いている。

アメリカの有機農業は、そもそも前半でも述べたようにロデールの有機農業から始まるが、その当時の有機農業は「農業」そのものの問題だった。しかし、一九七〇年代前後には、有機農業はさまざまな社会運動の価値観の洗礼を受けることになり、環境破壊や環境汚染に対する問題意識、エコロジー志向、健康志向、地域志向などの価値観を共有する人たちのあいだで広がっていく。有機農業を実践することは「価値観」の問題になっていたのである。有機農業は、そのような視点から「農」と「食」のあり方を見つめ直すものになっていた。また、有機農業が広く社会的に認知されるようになると、有機食品を求める消費者が増えて、それが有機農業の発展をさらに後押しすることにもなった。

ところが、有機農業がさらに拡大発展することによって、現実主義の有機農業が展開を始めることになる。カリフォルニアは、世界的にみてもきわめて生産性の高い競争力をもった農業地帯といえるが、そのことは有機農業においてもまったくそのまま当てはまる。カリフォルニアの有機農業は、アメリカのなかでも圧倒的なのである。ＣＣＯＦは、そのような地域で設立された有機農業者の団体であり有機認証団体である。有機農業の価値観を共有していたとはいえ、競争的で商業的な農業経営が展開する経営環境のもとでは、有機農業であっても慣行農業であっても、高い生産技術と経営管理能力が要求されるのは同じである。その帰結として、カリフォルニアの有機農場は経営規模を拡大させ、一部の大規模農場に有機生産も集中化する現象が現れる。すべてがそうなったわけではないが、慣行農業と変わらないかそれ以上の経営発展を遂げる有機農場が現れるのである。有機生産が一部の大規模農場に集中化する傾向は、すでに一九九〇年代前半に顕在化しており、トールテとクロンスキー（Tourte and Klonsky）の統計分析によると、一九九四〜九五年のカリフォルニア州内における販売額上位二パーセントの大規模有機農場が、全販売額における半分を生産していたという。他方、販売額が一万ドル未満の有機農場は九〇七農場で、全体の三分の二を占めていたが、これらの有機農場の販売総額は州内全体の五パーセント未満であったという。有機農場の規模格差のよりいっそうの拡大と、有機生産の大規模農場への集中化はかなりすすんでいたのである。

このような有機農業の「慣行化」には、いくつかの契機がある。それは、ここまで述べてきたことでもあるが、①有機認証システムの開発と普及、②有機認証システムの法制化（州政府レベル）、③有機認証システムの標準化（連邦規則・ＮＯＰ）、④有機認証システムをベースとした有機産業の充実、⑤他産業からの有機農業・有機セクターへの参入、といったことである。そしてこれらが有機農業の慣行化を促進しているのである。とくに有機認証システムの法制化は、ルールの共通化であり、公的機関（政府組織）の権威づけ効果もあって、他産業から有機農業・有機セクターへの新規参入をいっそう魅力的で容易なものにしているのである。

有機農業の慣行化が進展するのは、有機農業・有機セクターが経済的に成功しているからである。そして、その経済的成功がこの分野への新規参入をさらに促している。これを好循環といってよいのかどうか何ともいえないが、しかしビジネスとして有機産業が厚みを増していることはたしかである。冒頭で紹介した小売業界最大手の米国ウォルマートも、有機製品を部分的に扱っていた段階から、本格導入する時代に入ったのである。

有機農業運動のローカル志向

現在、アメリカの有機農業運動は、有機農業の「慣行化」の進展と裏腹に、さらに逆説的な脱「有機」とも言える動きが広がっている。それをもっとも象徴しているのは「ローカル」志向の運動の広がりである。「ローカル」はもともと有機農業運動がもっていた重要な価値志向の一つといえるが、しかし産業化、グローバル化が進展した、つまり慣行化が進展した有機ビジネス企業が席巻する現在の「オーガニック」は、有機基準こそ満たしていても、ただそれだけにすぎないといえるのだろう。国境を越えて輸入される有機製品は、かつての（そして現在も）有機農業運動の価値観とは相いれないものとなっている。

アメリカで「ローカル」志向の運動をリードするグループの一つに、「ローカル・ハーベスト（Local Harvest）」がある。ＣＣＯＦと同じカリフォルニア州サンタクルーズを拠点として、二〇〇三年に法人組織化されたグループである。グループ代表のギジェルモ（Guillermo Payet）が一九九八年に立ち上げたホームページは、全米各地のローカル指向の社会的動きを網羅した情報サイトとなっており、今では三万件以上の家族農場、農業者、ＣＳＡ、ファーマーズ・マーケット、フード・コープなどの情報が掲載されている。年間七〇〇〇万人以上の利用があるという。また彼らの活動には、地元農産物を積極的に利用する学校給食運動（Farm to School）や、地元農産物をセールスポイントにしたカフェやレストランの展開、「バイ・フレッシュ、バイ・ローカル」といったアドボカシー活動などもみられる。

ローカル志向の運動の本質は、地域社会のなかの人と人とを結びつけることにあるといえるだろう。したがって、地域の農業者と消費者（市民）を結びつける「農と食」の運動

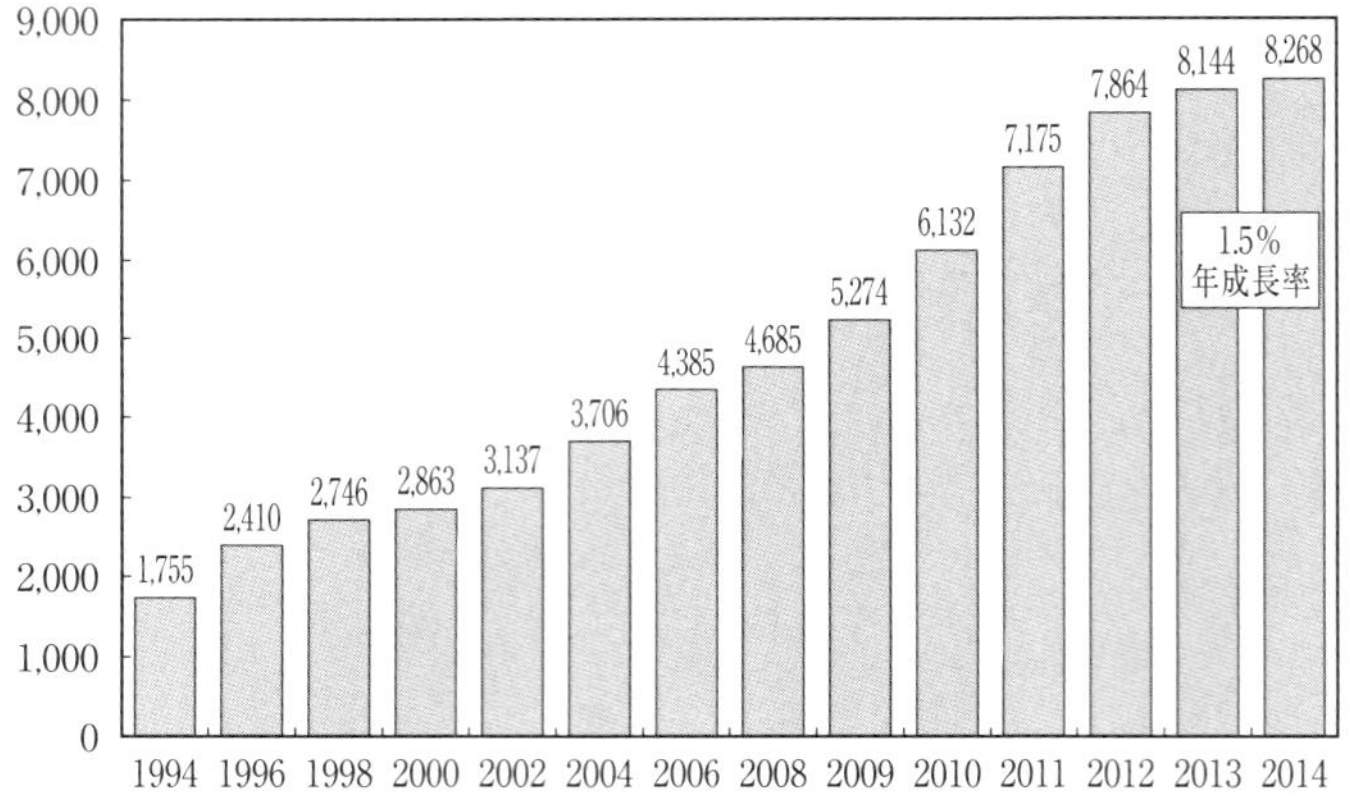

図４　アメリカのファーマーズ・マーケットの数

出典：農務省農業マーケティングサービス局（USDA/AMS）ホームページ http://www.ams.usda.gov/AMSv1.0/ams.fetchTemplateData.do?template=TemplateS&navID=WholesaleandFarmersMarkets&leftNav=WholesaleandFarmersMarkets&page=WFMFarmersMarketGrowth&description=Farmers%20Market%20Growth&acct=frmrdirmkt（2014年 8 月14日閲覧）

であり、「ローカル・フードシステム」はそのような運動の社会的基盤の上にこそ成り立つといえる。

ローカル・フードシステムの典型はファーマーズ・マーケットやCSA（Community Supported Agriculture：地域支援型農場）である。アメリカのファーマーズ・マーケットの場合、街中の公園や広場で、決められた曜日に定期的に開催するのが一般的で、当然ながら「地元で生産された（locally grown）」農産物であることがポイントである。また必ずしも「有機」農産物に限定していない場合でも、実際に販売されているものは「有機」であることが一般的である。また、週末に開催されるファーマーズ・マーケットのなかには、同じ会場の隣でコンサートやイベントを開催するところもあり、このようなファーマーズ・マーケットはいかにもアメリカらしい雰囲気をもっている。ローカル・フードシステムとしての役割を超えて、そこに暮らす彼らの生活文化そのものになっているといえるだろう。彼らが「ローカル」にこだわる理由のひとつはそこにあるのかもしれない。

アメリカのローカル・フードシステムについて、とくに二〇〇〇年代以降、連邦政府・農務省も強い関心を寄せているが、そのことは二〇〇二年のファーマーズ・マーケット推進プログラム（FMPP）、二〇〇八年農業法、二〇一四年農業法などに表れている。

二〇一五年一月、農務省経済調査局（ERS）は議会報告書「アメリカのローカル・リージョナル・フードシステムの趨勢」を公表している。この報告書ではローカル・フードシステムを、最終消費者への「直接販売」（ファーマーズ・マーケット、CSAなど）と、「中間的販売チャンネル」（学校給食Farm to School〈FTS〉、地域組織、地域的な流通業者など）と定義している。そして二〇一二年のセンサス・データによれば、一六万三七〇〇

図5　カリフォルニア州デイビスのファーマーズ・マーケットの風景

1975年に始まったカリフォルニアではじめてのファーマーズ・マーケット。「オルタナティブ」「ローカル」を志向する今日のファーマーズ・マーケットの草分けである。

表２　「消費者への直接販売」をする農場数，販売額の推移

	2002	2007	2012
「直接販売」を回答した農場数	116,733	136,817	144,530
全農場に占める割合（%）	5.5	6.2	6.9
「直接販売」総額（百万ドル）	812	1,211	1,310
全農場販売総額に占める割合（%）	0.4	0.4	0.3

出典：USDA, National Agricultural Statistics Service, Census of Agriculture data, various years; Council of Economic Advisers, Economic Report of the President (2014)

農場（国内農場総数の七・八パーセント）がローカルな販売をしていたと報告している。そのうち七〇パーセントの農場は「消費者への直接販売（Direct to Consumer）」だけで、あとの三〇パーセントの農場は「中間的販売チャンネル」との組み合わせか「中間的販売チャンネル」のみで販売していたと報告している。また「消費者への直接販売」について、二〇〇二年から二〇〇七年の間に、農場数は一七パーセント増加し、販売総額は三二パーセント増加したが、二〇〇七年から二〇一二年の間では、農場数が五・五パーセント増加したものの、販売総額は変化がなかったとしている。

報告書の詳細は省略するが、アメリカのローカル・フードシステムについて数字的に言えることは、ローカル・フードシステムを利用する農場数はたしかに増えているということで、それだけともいえる。調査手法等に限界があるた

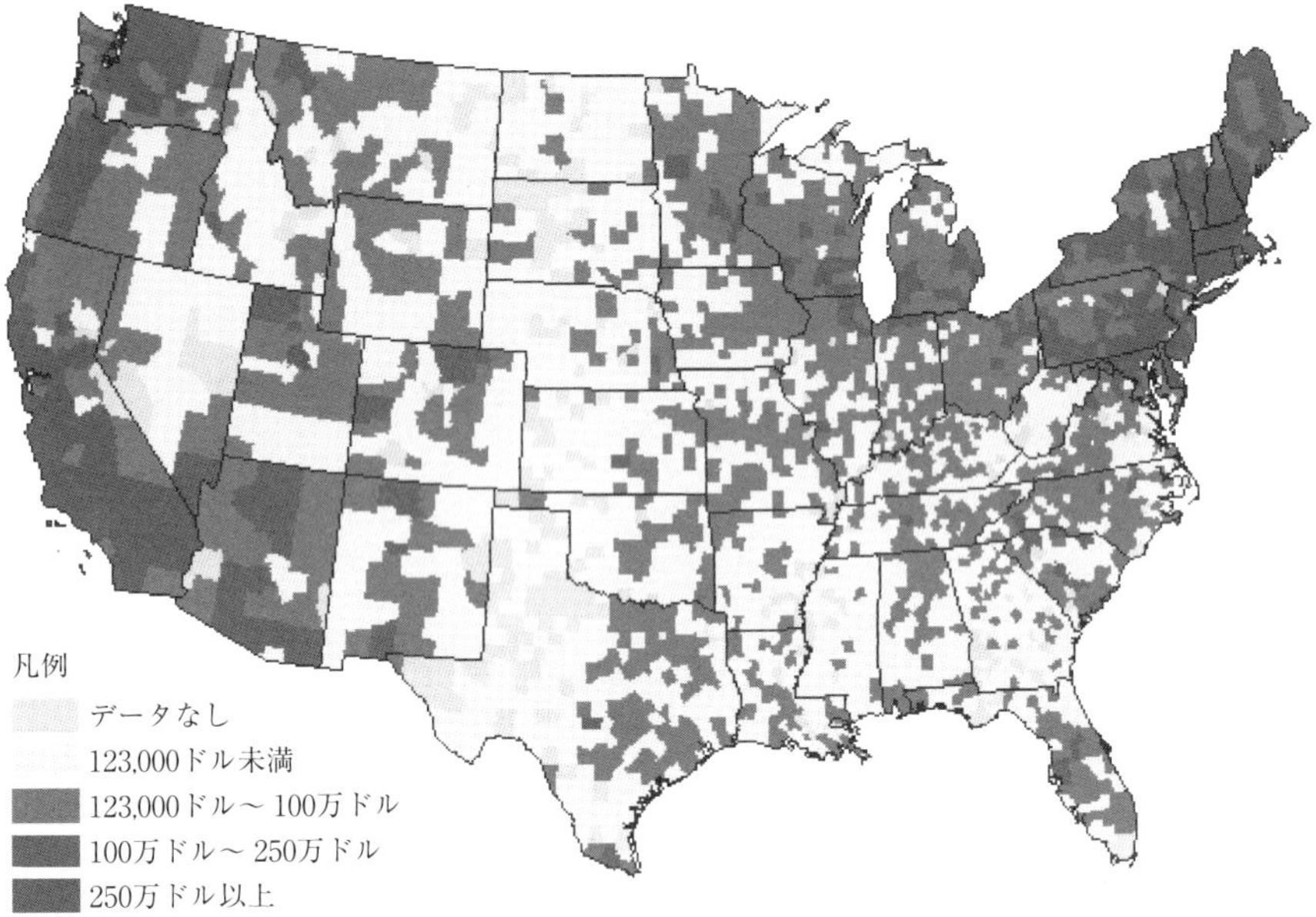

図６　消費者への直接販売の販売額（郡別，2012年）

出典：USDA/ERS "data from Census of Agriculture," 2012

め、ローカル・フードシステムの地域的、経済的インパクトについてにわかに結論づけることはむずかしい。ただ、数字的にみればアメリカ農業の小さな部分でしかないが、米国政府はそれを過小評価してはいない、と読むことはできるだろう。

アメリカの有機農業はどこに向かうのか・再考

アメリカは、国土面積が広く多様な農業が展開する国である。有機農業についても一般的に語ることは無理がある。しかし、もともと有機農業運動として始まった「有機農業」は、そこにあった思いや価値観を共有する人たちによって社会的に広がり、それとともに発展してきた。また、有機農業者のなかには、より現実主義的に「有機農業」に転換する農業者も増加した。少なくともそこまでは有機農業運動としての有機農業でありつづけた。

ところが、有機基準・認証システムが開発され、普及するにつれて、有機農業は何かが変質しはじめた。当初、民間の有機農業団体によって自主的に開発され、運営されていた有機認証・表示であったが、その法制度化に向けた取り組みは、その必要性があったとはいうものの、また有機基準・認証システムの権威づけというプラスの効果（少なくとも農業者・消費者双方にとって）もあったとはいうものの、他方で有機基準・認証システムの標準化をすすめることでもあった。はじめは各州内で、やがてアメリカ国内全体で、そして現在は国境を越えてグローバルな標準化がすすんでいる。その結果、有機農業の「慣行化」はよりいっそう進展している。スーパーマーケット・チェーンに向けた農業生産、輸出産業としての農業生産が、有機農業においても例外なく進展している。そして「オーガニック・ビジネス」として一つの産業部門を形成している。現在、アメリカの有機農業は、こういった慣行化があまりに際立っている。

しかし、アメリカの有機農業は一枚岩ではないことも示している。それは、「ローカル」志向の運動が全米各地に広がっているからである。そこには、地域社会のなかで人と人とをつなぐことで、農と食をつなぎ直そうとする熱意が満ちている。有機農業運動の原点回帰ともいえるし、「ビヨンド・オーガニック」という言葉も出てきているように、現状の「有機」を超えようということかもしれない。

アメリカの有機農業は、二つの真逆の方向性をもって展開している。どちらの方向性に「義」があると考えるかは人それぞれでよい。ただ、あえて「有機」と言うのであれば、より「有機」らしい農業とはどのようなものか、より「有機」らしい農と食のあり方とはどのようなことか、ということを問うたときに、その支持される方向性はおのずと決まるのではないだろうか。

【参考文献】

大山利男（二〇〇三）『有機食品システムの国際的検証――食の信頼構築の可能性を探る』日本経済評論社。

Guthmann, Julie (2004) *Agrarian Dreams: The Paradox of Organic Farming in California*, University of California Press.

Haumann, Barbara Fitch (2015) "2014 Farm Bill was a Major Milestone for the U.S. Organic Sector," *The World of Organic Agriculture : Statistics and Emerging Trends 2015*, FiBL and IFOAM.

Low, Sarah et al. (2015) "Trends in U.S. Local and Regional Food Systems," *Administrative Publication* Number 068, United States Department of Agriculture, Economic Research Service.

第3章　ヨーロッパの有機農業

――発展途上のフランスを中心に――

石井圭一

石井圭一
（いしい　けいいち）

1965年，東京都生まれ。
東北大学大学院農学研究科准教授。

1990年，東京農工大学大学院農学研究科修了。農林水産省農林水産政策研究所を経て，2003年より東北大学大学院農学研究科，現在に至る。フランスを中心にEUの農業政策の研究に従事，農政改革とともに進められる農業政策における環境配慮に興味をもつ。『フランス農政における地域と環境』（農山漁村文化協会，2002年），『現代「農業構造問題」の経済学的考察』（農林統計協会，2010年，共著），『農業革新と人材育成システム――国際比較と次世代日本農業への含意』（農林統計出版，2014年，共著），『再生可能資源と役立つ市場取引』（御茶の水書房，2014年，共著）など。

1　有機農家の素顔から

レア夫妻の農場

いくつか、フランスの有機農家を訪ねてみよう。いずれも、フランスの西部大西洋岸に突き出たブルターニュ半島の先端、フィニステール県の有機農家である。

レア夫妻の経営面積は約二〇ヘクタール、売り上げはおよそ一二万ユーロほどで年間にニンジン四〇トン、タマネギ四〇トン、ブロッコリー一〇トン、カリフラワー八万株を生産する。販路は市場出荷と直接販売である。市場出荷は五〇戸あまりの近隣有機農家で作る出荷団体、ブルターニュ有機野菜・果樹生産者協会（ＡＰＦＬＢＢ）が集荷、地元有機専門の産地卸「ビオポデール（Bio PODER）」（「ビオ（Bio）」はフランス語で「オーガニック」を指す）に販売する。この産地卸の販売先は五五パーセントがフランス国内、四五パーセントがドイツ、イギリス、デンマークなどのＥＵ諸国とスイス、とりわけ、カリフラワーはスイス向けだ。直接販売は四戸の農家で設立した法人を通す。四戸の農家で二六〇件ほどの近隣消費者に、週一回、セット野菜を届ける。

図１　タマネギの選別を行う有機農家

有機野菜の生産開始は一九九〇年である。ブルターニュ地方は非常に集約的で産業的な農業地帯として知られる。子供の前で農薬散布を行うことに大きな不安を感じるようになったのがきっかけだ。労働量は慣行栽培を行ったときに比べて、とくに増えていないという。やはり、困難な作業は除草で、必要労働がピークとなる六〜八月には、学生などの臨時雇用を三名程度、活用する。通年雇用の男性（二六歳）は農業高校卒業後、農業短大に進学、将来は有機農業で独立するため、技術習得も兼ねて経営にも携わる。将来は独立したいが、まだ責任が軽いほうがいいとのことだ。

共同経営農場

地元出身ながら農外参入したフランソワ、ジャンピエール、ヤンの三人の男性は、共同経営により多品目少量生産を行いながら、セット野菜の直販と有機農業者によるファーマーズ・マーケットで販売する。圃場で目に付いたのは、食用赤ビート、サラダ菜、ズッキーニ、ニンニク、ピーマン、白タマネギ、トマト（品種多数）、インゲン、グリーンピース、絹さや、ジャガイモ（品種多数）、キャベツ、カボチャ、パセリのほか、タイムやセージなどのハーブ多数である。六八年世代にあたるフランソワが一九八〇年、四〇年あまり利用されていなかった荒れ地を開墾して就農した。父親も農業を営んでいたが、当時はまだ五〇歳くらい、小規模な経営で父と二人で営むには小さ過ぎたためである。ジャンピエールは地元の農業高校、農業短大を卒業後、世界各国を働きながら旅行したのち、フランソワとともに共同経営をはじめる。ヤンは化学物質を扱う企業に勤めていたが、体調を崩し退職、二年間の通年雇用を経て、共同経営者となった。

マーケットでの販売は、週四日（火曜午前、火曜午後、水曜午前、土曜午前）、フィニステール県第二の都市ブレスト周辺の有機専門のマーケットなどで行う。セット野菜は五〇家族の消費者と契約、毎週水曜午前に販売、一セット一〇ユーロで、半数は顧客が農場

図２　有機マルシェでの直販

にとりに来る。後の半分は農場近くの市街地の入り口においておく。かご販売は現在の労働量では五〇件が限度、増やす場合には市場での販売日を一日減らす必要がある。五～一〇月はトマトを中心に、有機食品の協同組合ビオコープ（Biocoop）に供給、出荷できる野菜を通知しコープから注文が入る仕組みも活用する。

二～六月には野菜苗の準備、六～一〇月に作業繁忙期、冬季は機械のメンテナンスなどのほか、長期の休暇にあてる。生活に必要な所得があれば十分だとして、おおむね一一〇〇ユーロ／月を給与として分配、三人同額とのことだ。

たびたび、地元の小学校児童を受け入れ

図３　抑草にマルチを利用

図４　ハウス栽培のズッキーニ

るが、こちらはボランティアである。普段食べているものがどのように育っているか子供たちは知らない。子供が農業に触れることは重要で、農場を散策したり、においをかいだり、味見をしたりする機会を提供する。

一貫経営の畜産農家

もう一件、訪ねてみよう。有機養豚と牛の繁殖肥育の一貫経営である。経営面積五〇ヘクタール、うち一五ヘクタールが耕地、内訳はトウモロコシ四ヘクタール、ビート一ヘクタール、トリティカーレ（小麦とライ麦の雑種）七ヘクタールと豆類である。所有農地はおよそ二〇ヘクタール、順々に借地により面積を拡大した。これで飼料の五割を自給できる。リムザン種繁殖メス牛五〇頭、母豚二〇頭で、一九九八年に有機生産を開始、二〇〇〇年より有機生産物として出荷を始めた。年間出荷額はおよそ一三万ユーロである。経営は有限責任農業経営（ＥＡＲＬ）の法人経営となっており、妻は小学校教諭である。もともと酪農を行っていたが、一九八六年に繁殖雌牛一五頭導入、乳牛育成（生後二週間の雌乳牛を購入し二歳まで肥育、販売）から徐々に繁殖牛生産に切り替えた。これは、牛乳・乳製品の過剰問題から一九八四年に牛乳生産割り当て制度が始まり、乳牛育成にも影響し

図５　放牧された有機飼育の母豚

ためである。養豚は一九九二年に導入したが、慣行の繁殖経営は収益上厳しくなり、有機に転換、経営収支は改善したという。

成豚の年間出荷頭数は一五〇～二〇〇頭、うち一〇頭相当は個人客に直販する。屠殺年齢は七～八カ月で、ＥＵ規則の有機畜産規格の年齢より長い。生産者が屠殺場に持ち込み、解体、直販分は屠殺場から持ち帰る。直販する顧客は一五～二〇人で、牛肉と豚肉の両方を販売する。とくに直販を展開する活動はせず、すべて口コミで集まった個人客だという。直販以外の生産物は二〇数人の生産者により設立された協同組合ブルターニュ有機食肉（Bretagne Viande Bio）を通じて市場出荷する。

図６　飼料作物栽培に利用する大型除草機

有機に転換したことで生じる困難はやはり除草で、機械作業だけでなく手作業も必要となる重労働だという。トラクター、プラウ、播種機、堆肥散布機、収穫機などについて、近隣経営とともに機械利用組合を設立し利用する。

さて、二〇一二年、フランスの有機農業経営は二万四四二五経営、農業経営全体の四・七パーセントである。以下では、ヨーロッパで有機農業が急拡大する様子を確認した後、ヨーロッパ最大の農業国フランスに注目して、有機農業の認知向上と浸透の局面に触れつつ、有機農業の制度構築、有機農業振興の現状について述べていきたい。

2　ヨーロッパにみる有機市場の拡大

ＥＵ諸国の生産と消費

ＥＵ諸国における近年の有機農業の発展には目を見張るものがある。まず、その勢いについて、数字で確認したい。

二〇一一年のＥＵ二七カ国の有機生産経営は二三・六万経営、生産面積は九五一万ヘクタール（転換中含む）である。農業利用面積に占める割合は五・四パーセントに達した。前年に比べて、有機生産経営、生産面積はそれぞれ、七・三パーセント、四・三パーセント増加した。

農地面積に占める有機生産面積の割合は、オーストリアの一九・六パーセントを筆頭に、スウェーデン一五・四パーセント、エストニア一四・二パーセントである。ＥＵ農業の主要国ではイタリア八・六パーセント、ドイツ六・一パーセント、スペイン六・五パーセント、イギリス三・八パーセント、フランス三・六パーセントである。とくに、地方単位でみると、オーストリアのザルツブルク州では農地面積に占める有機農業の割合は四九パーーセントにのぼるほか、チェコの北西地方では二八パーセント、スウェーデンの中部ノールランド、オーストリアのブルゲンランド州では二五パーセントに達する。ちなみに、日本の有機生産面積の割合は〇・四パーセント程度といわれる。[1]

生産拡大を刺激しているのが、EUの有機農産物や有機食品に対する旺盛な需要である。EUの有機食品・農産物の販売額は二〇〇四年一〇〇億ユーロであったが、二〇一一年には二〇四億ユーロと倍増した。EU全体の市場の七〇パーセントをドイツ（三二パーセント）、フランス（一九パーセント）、イタリア（一〇パーセント）、イギリス（九パーセント）の四カ国が占める。ただし、有機食品・農産物の市場占有率がもっとも高いデンマークでは八パーセント近くに達するほか、オーストリアでは六パーセント、スウェーデンとドイツで四パーセント前後、オランダ、イギリス、イタリア、フランスが二パーセント前後である。EUでもっとも大きな有機食品の消費市場を持つドイツの二〇一二年の売り上げは七〇・四億ユーロである。二〇〇〇年には二〇・五億ユーロであり、一二年間で三倍以上の市場規模となった。

この間、有機食品の購入先にも変化があった。二〇〇〇年にはスーパーでの購入額が六・八億ユーロ（三二パーセント）、自然食品等の専門店が七・八億ユーロ（三八パーセント）、

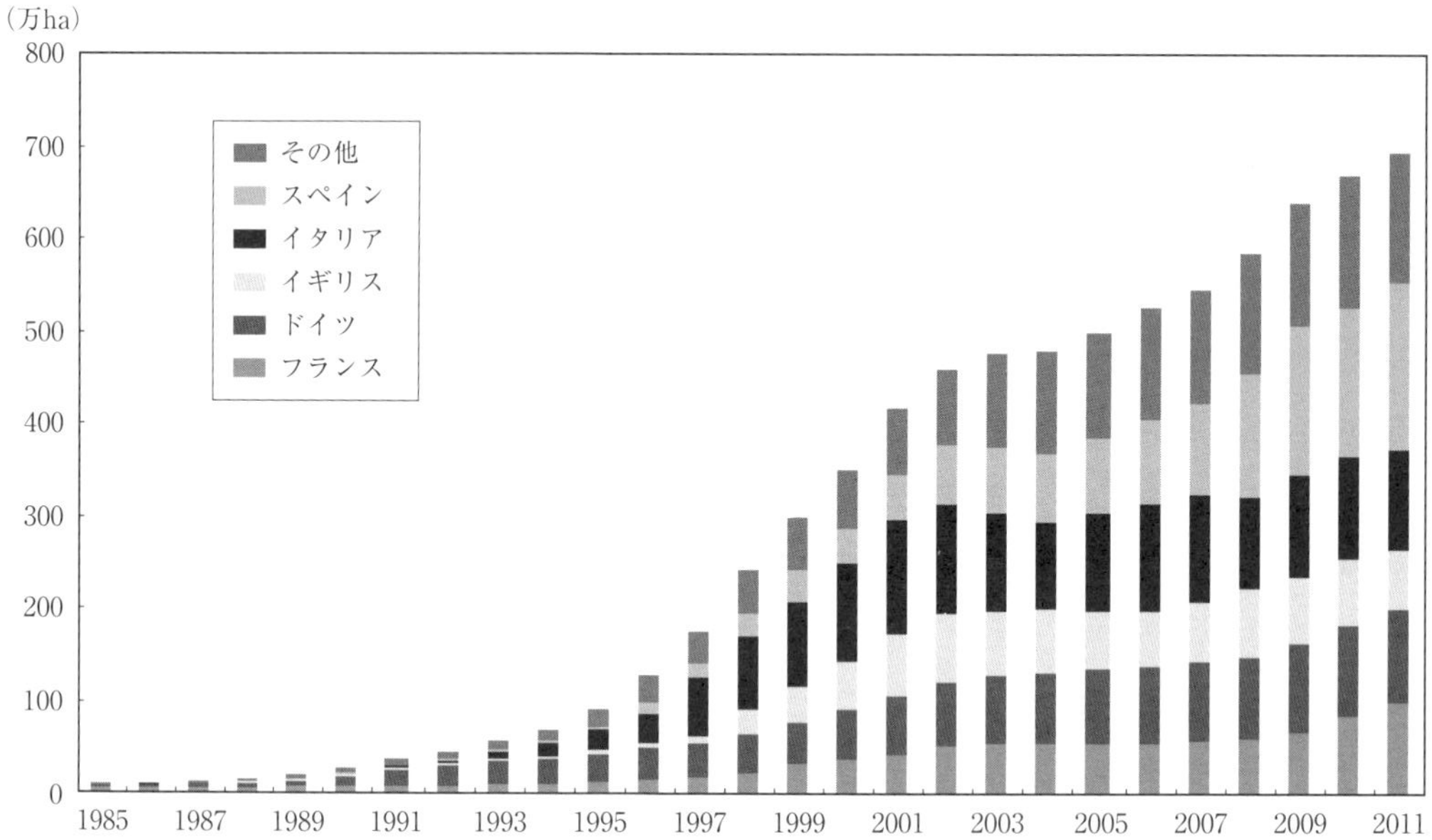

図７　EU15カ国の有機農業面積（転換中を含む）

出典：The Organic Farming Unit at the Institute of Rural sciences. University of Wales. (1985-2002), EUROSTAT. Certified organic crop area by crops products (2003-2011) より作成。

直販などその他の購入先が五・九億ユーロ（二九パーセント）であったが、二〇一二年にはそれぞれ、三五・二億ユーロ（五〇パーセント）、二二・一億ユーロ（三一パーセント）、一三・〇億ユーロ（一八パーセント）となった。市場の拡大の一翼をスーパーの取り扱いの拡大が担い、有機食品の大衆化が進んだといえよう。

フランスにおける有機作物の生産

さて、フランスは欧州随一の農業大国であるが、有機農業はというとその他の主要国に比べて、生産、消費の両面で拡大途上にある。有機農業の振興と啓発を行う公益団体、フランス有機農業振興促進機構（Agence française pour le développement et la promotion de l' agriculture biologique：通称 Agence Bio／アジャンス・ビオ）の推計によれば、フランスで消費される有機食品・農産物の三二パーセントが外国産である（二〇〇九年三八パーセント、二〇一〇年三五パーセント）。牛肉、豚肉、鶏肉、羊肉といった食肉、鶏卵、ワインで九九パーセントが国産であるが、牛乳、乳製品がそれぞれ八五パーセント、八九パーセント、パン・小麦粉が六八パーセント、果実・野菜で五二パーセントと自給率は低下する。とりわけ、惣菜・冷凍食品、菓子類、野菜ジュース・フルーツジュースがそれぞれ、五八パーセント、三〇パーセント、二〇パーセントで、加工有機食品の国産割合が低い。

総農地面積二七五四万ヘクタールのうち、二〇一二年の有機生産面積は一〇三・二万ヘクタール（うち、転換期間中の面積は一七・七万ヘクタール）で、およそ三・八パーセントである。このうち、およそ六〇パーセントが永年草地や飼料作物で占められる。永年草地は自然草地もしくは播種後六年以上経過した採草放牧地として定義され、もともと有機の要件を満たしやすい農地利用形態である。


フランスでも近年、有機農業の拡大が顕著である。二〇〇七年から二〇一二年の五年間に、有機農業経営は一万一九七八経営から二万四四二五経営になり二倍、有機生産面積（転換中を含む）は五五・七万ヘクタールから一〇三・三万ヘクタールになり八五パーセント増、有機食品・農産物取扱業者数も六四〇二事業体から一万二三四〇事業体になり九三パーセント増となった(2)。農地面積に占める有機生産面積は二・〇パーセントから、三・八パーセントとなった。二〇一二年の有機生産面積、有機農業経営ともに前年比で六パーセント増と依然、高い伸びを示している。EU全体の有機生産面積の割合五・五パーセントにはおよばないが、現在、フランスの有機農業はまさに追い込みをかけているといってよい。

より細かくみよう。二〇一〇年に行われた農業センサスでは、全農業経営者の平均年齢が四九・七歳、有機農業経営者の平均年齢が四五・〇歳である。有機農業経営者の割合は三・六パーセントであるが、二〇代の農業経営者では五・〇パーセント、三〇代の農業経営者では五・二パーセントになる。若手の農業経営者ほど、有機農業に取り組む割合が高い。

品目別にみると、有機の割合は果実一三・七パーセント、香草・薬草一三・〇パーセント、ブドウ八・二パーセントと有機栽培が進んでいる（以下、二〇一三年）。飼料畑、生鮮野菜がそれぞれ五・四パーセント、四・二パーセントである。他方、有機への転換が進んでいないのが、穀物や油糧種子といった普通畑作である。穀作面積は総農地面積の三四パーセントを占めるが、有機穀物は有機生産面積の一六パーセントでしかなく、穀作面積の全体の一・七パーセントにとどまる。フランスの穀物生産といえば、自給率一六〇パーセントを超える輸出品目であるが、推計ではフランスの有機小麦粉消費の約三〇パーセントが輸入でまかなわれているという。なお、有機穀物の六〇パーセントは飼料向けである。

畜産では産卵鶏が七・七パーセントともっとも進んでおり、ヒツジ、ヤギがそれぞれ四・二パーセント、五・〇パーセントである。搾乳牛で三・三パーセント、肉専用種の繁殖メス牛が二・七パーセントと大型家畜で割合は低く、ブロイラー、養豚といった施設型畜産といわれる分野では、それぞれ一・〇パーセント、〇・八パーセントと有機生産が浸透していない。

地域別にみると、フランス南部で有機農業が進んでいる。プロヴァンス・アルプ・コートダジュール州では農地面積に占める有機農業面積は一五・二パーセント、ラングドック・ルシヨン州では一一・一パーセントに達する。前者は野菜や香草・薬草生産が、後者ではブドウ、ワイン生産が盛んな地域である。

こんなローカルな試みもある。フランス南東部ローヌ・アルプ州ドローム県における「ビオバレー（Biovallée）農業振興計画」である。我が国の市町村に相当するコミューン一〇二団体、人口約五万四〇〇〇人の地域である。この地域はフランスでもっとも有機農業が進んだドローム県の一角に位置し、すでに、地域の農業経営のうち有機農業を行う経営が三〇パーセント（三四六経営）、有機農業面積が二五パーセント（一万一七六四ヘクタール）に達する（二〇一二年）。二〇二〇年に有機農業面積を地域の農地面積の五〇パーセント、慣行農業における農薬、化学肥料を五〇パーセント削減、学校などの施設における給食の食材の八〇パーセントを地域の有機農産物でまかなうという目標を掲げる。二〇二〇年までに、エネルギー消費の二〇パーセント削減や、ごみ処理施設への搬送量の半減を目標とし、有機農業の振興に加えて環境構想を掲げる地域振興計画である。

フランスにおける有機食品・農産物の消費

次に、消費の動向をみよう。二〇一二年、フランスにおける有機食品・農産物の販売高は約四一・七億ユーロで、食品市場全体の二・四パーセントを占めた。一九九九年には一〇億ユーロ、二〇〇七年に二〇・七億ユーロである。二〇〇〇年代に入り二〇〇五年までの間、有機食品・農産物市場はおおむね一〇パーセント／年のペースで拡大してきたが、二〇〇六年以降はその速度は増し、二〇〇七〜一二年の五年間で倍増した。

図8が示すように、フランスの有機食品・農産物はスーパーでの売り上げが四八パーセントを占める。二〇〇六年と比べて一〇ポイント上昇した。販売額は増えているものの、相対的に有機市場のシェアを落としたのが生産者による直販である。フランスにおいても有機市場の拡大には量販店の役割が大きい。

有機市場の拡大を支えるのは量販店の販売力が大きいが、有機食品・農産物の専門生協ビオコープも大きく事業を拡げてきた。二〇一三年、全国に三四五店舗、従業員数七九〇人、売り上げは五・八億ユーロで前年比八・二パーセントの増加である(3)。ビオコープは一

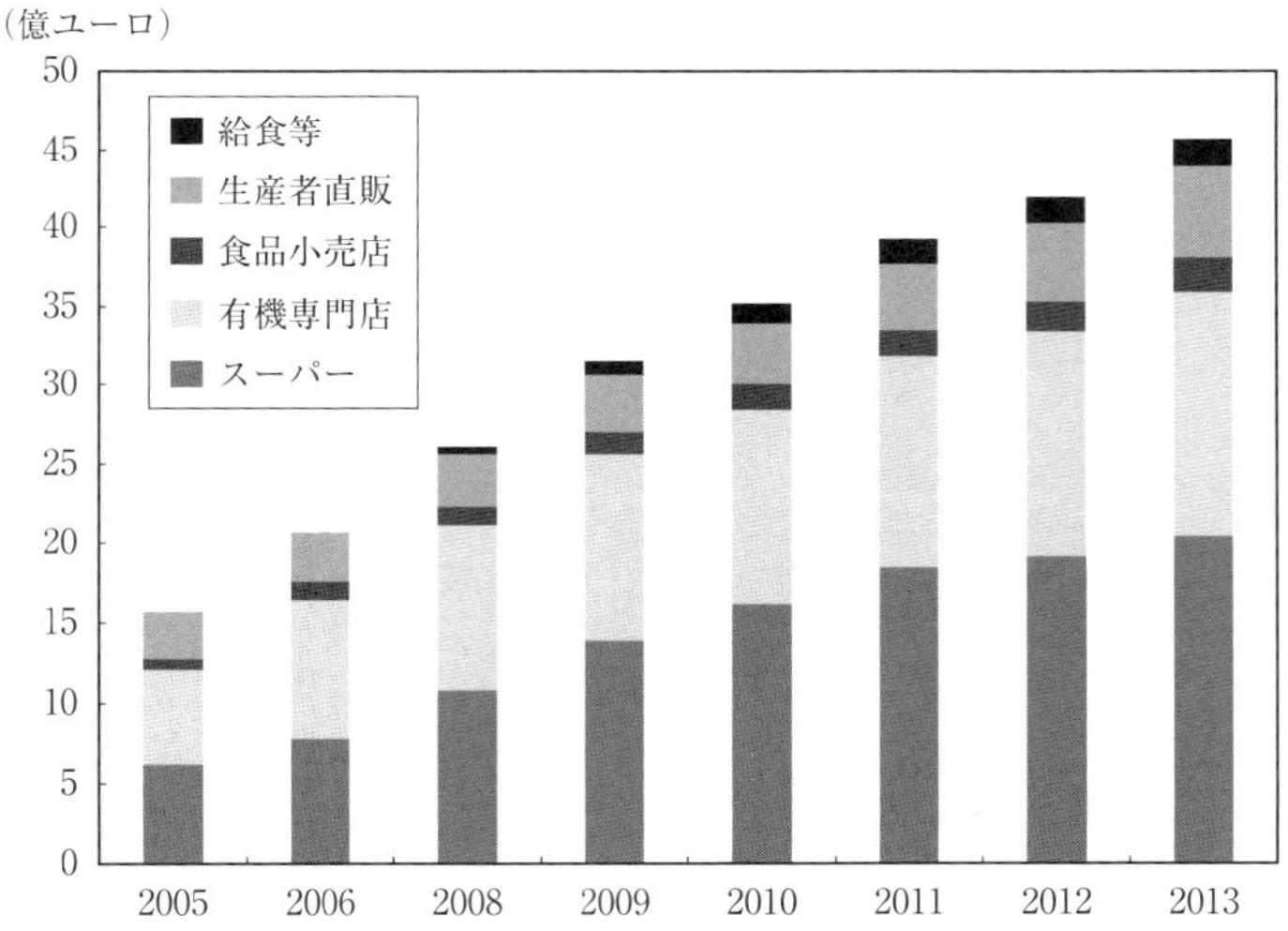

図８　有機食品・農産物の流通経路別の販売額
出典：Agence bio, Evaluation de la consommation alimentaire biologiqueより作成

九七〇年代末、有機農業を支えようとする消費者と生産者が協同組合を随所で設立、これが一九八三年にはフランス西部で、一九八四年にはフランス南東部で統合され、さらにこれら協同組合が一九八六年に全国で設立したのがビオコープである[4]。

日本の有機生産者にもみてとれるように、フランスにおいて有機生産者による直接販売は盛んに行われている[5]。有機生産者の二人に一人が消費者向けに直販を行い、一〇人に一人が直販だけの収入で経営を行う。有機生産者が行う直販の品目は、果実・野菜（五八パーセント）が過半

図９　有機マルシェに乗り付けた有機食肉加工品の販売車

を占め、乳製品（二〇パーセント）、食肉（九パーセント）、パン・小麦粉（七パーセント）、ワイン（六パーセント）である。

表１にはこれら品目別に直販の形態が示される。品目ごとに直販の形態が異なっているのがわかる。野菜・果実では「農民的農業を守る会（L' association pour le maintien d'une agriculture paysanne／AMAP）」や野菜のセット販売、マルシェで消費者に直接販売する形態が支配的である。他方、食肉やワインは生産者が庭先で販売するのが支配的で、乳製品やパン・小麦粉は有機に限定されないマルシェで販売される。パン・小麦粉は各種公共、民間の給食サービスに提供される割合も高い。

表１　有機生産者による直接取引の品目別形態（販売額）　（%）

	野菜・果実	乳製品	食肉	パン・小麦粉	ワイン
庭先販売	13	17	40	9	69
有機マルシェ	16	6	2	5	0
その他マルシェ	16	37	10	42	4
生産者の共同販売店舗	3	15	9	2	2
移動販売	0	2	25	0	6
AMAP	34	20	11	2	0
セット販売（AMAPを除く）	17	2	1	7	0
見本市	0	0	0	0	13
各種施設の給食	0	0	0	29	0
レストラン	1	0	0	5	3
ネット通販	0	0	1	0	2
	100	100	100	100	100

（各項の数値が四捨五入されているので合計は正確に100とはならない）

出典：Agence Bio, Chiffres clés. L'agriculture biologique. Edition 2012, 2013.

ＡＭＡＰは二〇〇一年、フランス南部の都市マルセイユ近郊に第一号が設立された。消費者グループと近隣農業者が契約し、消費者は一年のはじめに代金を前払いし、毎週、旬の農産物を受け取る。農業者は消費者が望む有機野菜を生産する一方、天候に左右されず、安定した収入が得られる。生産物は所定の日時に農業者が集配所に持ち込むと、当番の消費者が取りに来る消費者に配る。生産者にとっては、計量や梱包の作業も省かれ、生産物を配布する日は消費者とのコミュニケーションにあてられる。二〇〇三年AMAP憲章では、①持続的農業（社会的に公正で、環境面で健全な農民的農業）にのっとった農場を消費者の近くで維持していくこと、②消費者が原産地や生産方法をよく知り、高品質の生産物を正当な価格で購入できること、③持続性を尊重した地域農業の維持や発展に積極的に関わることが掲げられた。二〇一一年、AMAPの数は全国に一五〇〇〜一六〇〇グループ、約六万セットの野菜を二五〇〇〜三〇〇〇人の生産者が供給している[6]。

AMAP以外にも野菜のセット販売を行う団体があるが、そのなかで社会福祉と有機農業を結んだコカーニュ農園については後述しよう。

3 有機農業が広がる局面から

給食施設における有機食材の普及

さて、有機農業の認知の向上と需要の拡大に向けて注目されるのが、給食等への有機農産物の利用促進である。給食等とは学校給食のほか、学生食堂、社員・職員食堂、病院や社会福祉施設などで提供される食事サービスが含まれる[7]。日替わりで選択できる献立の数が限定され、一回に提供される食事数が多い、栄養面に関する配慮がともなうという特徴がある。このため、計画的かつ大量の仕入れを必要とするため、有機食材を導入するとなると、組織だった調達が不可欠になる。

政府は二〇一二年までに政府の職員食堂で使われる食材の二〇パーセントを有機農産物にする目標を法令で定めた(8)。政府がこれを進める理屈はこうである。

農業の持続的発展には、窒素やリンの投入削減、化学物質の使用禁止、生物多様性や土壌、水質の保全、エネルギーの節約、温室効果ガスの削減に効果がある有機農業の発展に期待がかかる。こうして、有機農業の生産面積の目標値が設定されるわけだが、生産が拡大するには、確固とした需要の裏付けが必要である。そこで、給食サービスにおける有機食材の導入促進に期待がかかる。国が自ら行うことを定めた持続的発展に関する国家戦略の一環として、各省庁や関連の公法人において給食サービス施設やレセプションの際に、有機食材が利用されることとなった。通達名にあるように国が「模範」を示す意味があるというわけだ。

給食で有機食材はどのくらい使用されるのだろうか。およそ一五〇〇万人のフランス人が毎日、一食を自宅外で食事をとり、その半分が給食サービスによる。全国に民間、公共あわせて七・三万カ所の給食サービス施設があり、一日八〇〇万食が提供されている。その内訳は教育機関（小中高校と大学）が施設数の四七パーセント（食事数の三八パーセント）、病院・社会福祉施設が二六パーセント（食事数の三八パーセント）、社員・職員食堂が一六パーセント（食事数の一五パーセント）である。これらで総額七〇億ユーロの食材を購入している。(9)

有機食材の使用が本格的に広がるのは二〇〇六年ごろからで、使用している施設の三分の一が二〇〇八年から有機食材の献立を提供しはじめた。有機の食事サービスを提供する給食施設の割合は二〇〇九年の三六パーセントから、二〇一〇年には四〇パーセントに達している。すべて有機食材を使った献立は少なく、有機食材を一部使った献立が多い。二〇一〇年に有機食材を使う施設の四九パーセントが月一回以上使用した。二〇〇九年は三六パーセントである。毎日、使用する施設が二〇〇九年に五パーセントのところ、二〇一〇年は一〇パーセントに増加した。有機食材の使用がまさに今、給食サービスで進んでいることがわかる。

アジャンス・ビオが行った二〇〇九年アンケート調査によれば、すでに三人に一人の子供が学校給食で有機食材を使った献立に接しており、まだ、有機献立を経験していない子供の親の七五パーセントが有機食材の導入を希望しているという。

地方の支援と需給のマッチング

学校給食等に幅広く有機食品・農産物の利用を促すうえで、物流の仕組み作りが欠かせない。フランスのオーベルニュ州の取り組み例をみよう。オーベルニュ州は人口約一三〇万人、人口密度は五〇人／平方キロメートルほどで、中央山地を抱えることから酪農や肉牛生産を主とした畜産地帯が広がる。したがって、有機で生産される食肉や乳製品の州内調達は業者もそろい比較的容易であるが、地場の有機食材としてはパンや野菜が不足する。

オーベルニュ州では学校給食における有機食材の利用にあたって、一〇〇パーセント有機食材の献立を提供する場合、高等学校に対して、二〇〇五年から一食あたり一ユーロの助成金を給付してきた。州内の二県でも、一〇〇パーセント有機食材の献立を提供する場合、小中学校に対して、一食あたりの助成措置が講じられている。また、有機食材の献立の提供のほかに、有機食品・農産物に関する食育教育プログラムが組まれる場合の経費の一部負担や、有機農場へ訪問する際の交通費の補助などもあわせて実施されている。

オーベルニュ州の有機農業関係者の団体オーベルニュ・ビオロジーク（Auvergne

Biologique／生産者、加工・流通業者、農業団体などが加盟する一九九二年設立の団体）が作成した有機食材の給食導入ガイドによれば、有機食材を学校などの給食施設に導入するには、食材の調達や調理法、食材の栄養やコストにあわせた献立作りなど、調理師や栄養士、施設管理者といった給食施設のスタッフ全員の取り組みが成功のカギだという。旬の食材に限られる、調理時間が増える、全粒パンや粗糖などを使用することでミネラルなどの栄養素が得られる、仕入れのコストは増すが、タンパク質を摂取するうえでより高価となる肉類を減らし、安価なマメ類を活用することでコストを抑えるなど、有機食材にあたって克服すべき課題や利点を説いている。また、有機食材の活用とあわせて、栄養、食習慣、環境に関する食育にも取り組みやすい。有機農業の認証基準は農薬、化学肥料を使用しないだけでなく、環境保全や動物福祉といった環境倫理の観点や、自給飼料の使用など土地や地域との結びつきなど多様である。このため、「食」「農」「環境」「地域」と語られるべき内容は豊富である。

学校給食における有機食材の普及の課題は需給のマッチングであり、集荷と配送のシステム構築である。この機能を担う協同組合型の公益法人オーベルニュ・ビオ・ディストリビュション（Auvergne Bio Distribution）が、二〇〇七年に設立された。給食サービス施設向けの有機食材の供給を行う一方、有機食材の普及、啓発を担う。学校給食における有機食材の導入は二〇〇一年から州内で始まった。これを支えるために、有機農業関係者の団体オーベルニュ・ビオロジークが県の助成を受けつつ、集荷と配送を行っていたが、事業の拡大にあわせて公益法人が設立された。幼稚園から小・中・高の学校給食、保育所から高齢者福祉施設などへ、有機食材を配送している。二〇〇九年の事業実績は完全有機の献立を一八〇施設に対して約一三万食、有機食材を一部使用した献立を含むと計四六万食を供給する。売り上げは六八万ユーロであった。二〇〇八年の実績が計二二万食、売り上げ三八万ユーロであり、その急成長ぶりがわかる。

有機食材の約七割を州内の調達でまかなっている。給食施設からの注文を受け、州内で生産されたものを優先し、そろわなければ州外から調達する仕組みである。注文があった食材のみを生産者から調達するので、生産者側にも需要がある品目を生産する誘因が生まれる。地場の需給のマッチングにあたっては、生産者が取り組みやすい環境を作ることも大きな課題である。

後述するように、有機生産面積の倍増や官庁の食堂で有機食材の使用割合を二〇パーセントにする目標は、やや野心的かもしれない。しかし、生産者や農業団体をはじめ、関連業界、政府、地方団体がそれぞれの役割に応じて取り組む体制は、国をあげた社会実験の様相を呈する。一連の取り組みを通じて、農業の生産現場の技術から社会システムまで多くのイノベーションが期待できそうである。

ソーシャル・ファームと有機農業

フランスにおいて社会的弱者の就労の場、社会復帰の足がかりの場として農業が結びついたのは、一九八〇年代末に登場した参入支援農園（Jardin d'insertion）である。参入支援農園とは、社会的排除、社会的困難、就労困難にある人々の社会への再統合を進めるために設置もしくは利用される農園である[10]。

参入支援農園の登場の背景には、一九八〇年代における失業率の高止まり、貧富の格差の拡大、これに対する政策措置として、一九八八年の社会参入最低所得手当て（Revenu Minimum d'Insertion：RMI）の導入がある。これは、無拠出の給付制度であり、日本の生活保護制度における生活扶助に近い制度であるが[11]、フランスでは生活扶助と雇用政策を統合した政策として、社会参入政策（politique d'insertion）という言い方をする。RMIの給付者は諸税の減免、医療保険の適用等を受ける一方、地方公共団体や企業、非営利社団などと雇用契約を結ばなければならない。なお、ＲＭＩ給付者を雇用する企業等は政府から助成金の給付を受けることができる。

コカーニュ農園（Le Jardin de Cocagne）は一九〇一年法に基づく非営利社団（アソシエーション）で、社会経済的に不安定な人々の社会統合を目的とした有機栽培の共同農場である。一部の地方自治体などの設置支援により広がり、二〇一二年、フランス全国に約一二〇農場（うち二〇農場が設立準備中）を数える。消費者会員総数は約二万世帯、社会復帰を目指す就労者を約四〇〇〇人雇用し、有機農業の生産指導や社会統合を支援するスタッフが約七〇〇人、これにさまざまなボランティア約一五〇〇人が参加する。[12]

コカーニュ農園は「消費者会員向けの有機野菜の生産と配送を通じて、就業機会の場を作り、人生設計の構築を促すこと」を目的とし、「年齢、性別を問わず不安定な状態にある人びと」を受け入れ対象とする。具体的には、①最低所得給付や母子・父子世帯給付の給付対象者、②更生施設、宿泊提供施設など施設の収容者、③無所得者、④ホームレス、⑤長期失業者、⑥就業未経験者、⑦失業保険の給付対象者、⑧その他社会的に不安定な状況下にある者である。[13]

コカーニュ農園の広がりは、一九九一年、雇用支援を目的とした非営利社団ジュリアンヌ・ジャベル協会（Association Julienne Javel）が就業困難者の就業機会の場として有機農業を取り入れたことに始まる。翌年、スイスのジュネーブ近郊の同名の農園をモデルとして、フランス東部の都市ブザンソンに開設したのがフランスのコカーニュ農園の第一号となった[14]。この試みは、急速に全国的な関心を呼ぶこととなり、同様の計画を検討する個人や非営利社団、公共団体の要請に応えて、一九九四年、創業者のジャン・ギ・エンケルらが普及活動に取り組んだ。一九九六～九九年に農園の数は顕著に増え、九六年末の二〇農園から九九年末には五〇農園となった。一九九九年には全国ネットワーク組織（Le reseau cocagne）が設立され、農場間の相互交流、情報交換のほか、栽培管理や事業運営に関する経営技術上のノウハウや行政や法制上の手続きに関するノウハウを提供する。

一九九九年、コカーニュ農園ネットワークが定める憲章には四つの原則、すなわち、①価値を生みだす労働を通じて、安定的な就業へ復帰する条件を整え、社会的排除や不安定を克服、②認証機関による検査を受けた有機農産物の生産、③会員消費者への販売、④地域の農業者との連携、がある。

コカーニュ農園が提供する作業には、ハウスおよび路地の野菜生産、野菜のかご詰めと配送、施設・機材の維持管理、会員との連絡調整、事務一般がある。近年、多くの施設で取り組まれる作業の多角化の一環として、対面市場における有機農産物の販売、近隣の子供たちが農作業に携わる企画、自治体からの環境保全整備にかかる作業受託などがあり、それぞれの農園が地域のニーズに応じて、新たな事業に取り組み始めている。

農園の消費者会員は一口が一家族一年分の野菜に相当する金額を出資し、原則として週に一度、農園で生産された旬の野菜を受け取る。会員数に応じた生産数量を確保できるように、年初に栽培カレンダーを作成、一口の価格は有機農産物の市場価格を考慮しつつ、作業員の訓練費や数人の野菜生産スタッフの賃金、地代、物財費をまかなえる水準に定める。会員は二分の一口以上の出資について、年払いもしくは月払いの支払いを行う。野菜生産スタッフは少量多品種の栽培計画を立て、作業員の作業計画を調整し、有機野菜は会員が住む街区や村落の集会施設、個人、団体が持つスペースで分配される。消費者会員は農場の活動に関する決定に参加し、農場で作業することもできる。

コカーニュ農園の収入のうち、事業収入は二五パーセント、補助金が七五パーセントである。事業収入のなかで会員向け有機野菜販売が八割を占める。補助金は欧州社会基金（ESF）、国、地方自治体、農業者共済組合等があるが、六割が国からの補助金で占められる。国の補助金の多くは民間企業や団体等の雇い入れに対する補助金である。これは経営者への補助金給付または社会保障費負担の免除により労働コストを軽減し、社会統合が困難な人の雇用を促す措置である。

コカーニュ農園の規模は消費者会員数でみて二〇人程度、経営農地面積一ヘクタール程度の小規模施設から、消費者会員数九〇〇人、経営農地面積一一ヘクタールの大規模な施設まで、取得できる農地の規模や想定する受け入れ就業者の数等に応じてさまざまである。

フランスでは一九七〇年代に始まる失業率の急上昇とその後の高止まりにみる構造的な社会問題を背景として、社会経済的な困難者に対する官民のさまざまな支援システムが構築されてきた。コカーニュ農園は、国の補助金付き雇用促進事業をベースにしつつ、EUをはじめ、法務省や農業省、環境省などの中央省庁、州や県の地方団体、さらには基礎自治体、慈善団体や民間企業からの助成を受ける広く公益性が認められた事業を展開する。

コカーニュ農園にみる「社会的連帯」と有機農業の結合は、生産物に新たな意義付けを与え、有機農業が地域の社会事業のネットワークと接合する場を提供している。ここには消費者との連携を超える有機農業の広がりをみることができよう。

4　フランス有機農業運動の潮流と制度構築

有機農業の系譜

ここでフランスにみる有機農業の歴史を若干、振り返ってみよう。フランスは有機農業に対する公の認知がもっとも早かった国として知られる。認証をはじめとした有機農業を取り巻く制度や組織が、有機農業者をはじめとした有機業界主導で構築された経緯をみておきたい。

一九八〇年農業基本法は、「化学合成製品を用いない農業生産の要件を定める生産規格を省令により認定する」ことを定めた。有機農業を指す用語「agriculture biologique」は用いられていないが、実質的に有機農業が公的に認知されたことを示した。翌一九八一年には生産規格の認定に関する政令が公布され、一九八三年に認定を行う全国有機農業生産規格認定委員会が設置された。

図10は一九九一年に有機農業認証に関するEU規則が制定された時期にフランスに存在した有機農業団体とブランドである。後にみるように、これらの団体の多くはEU規則に

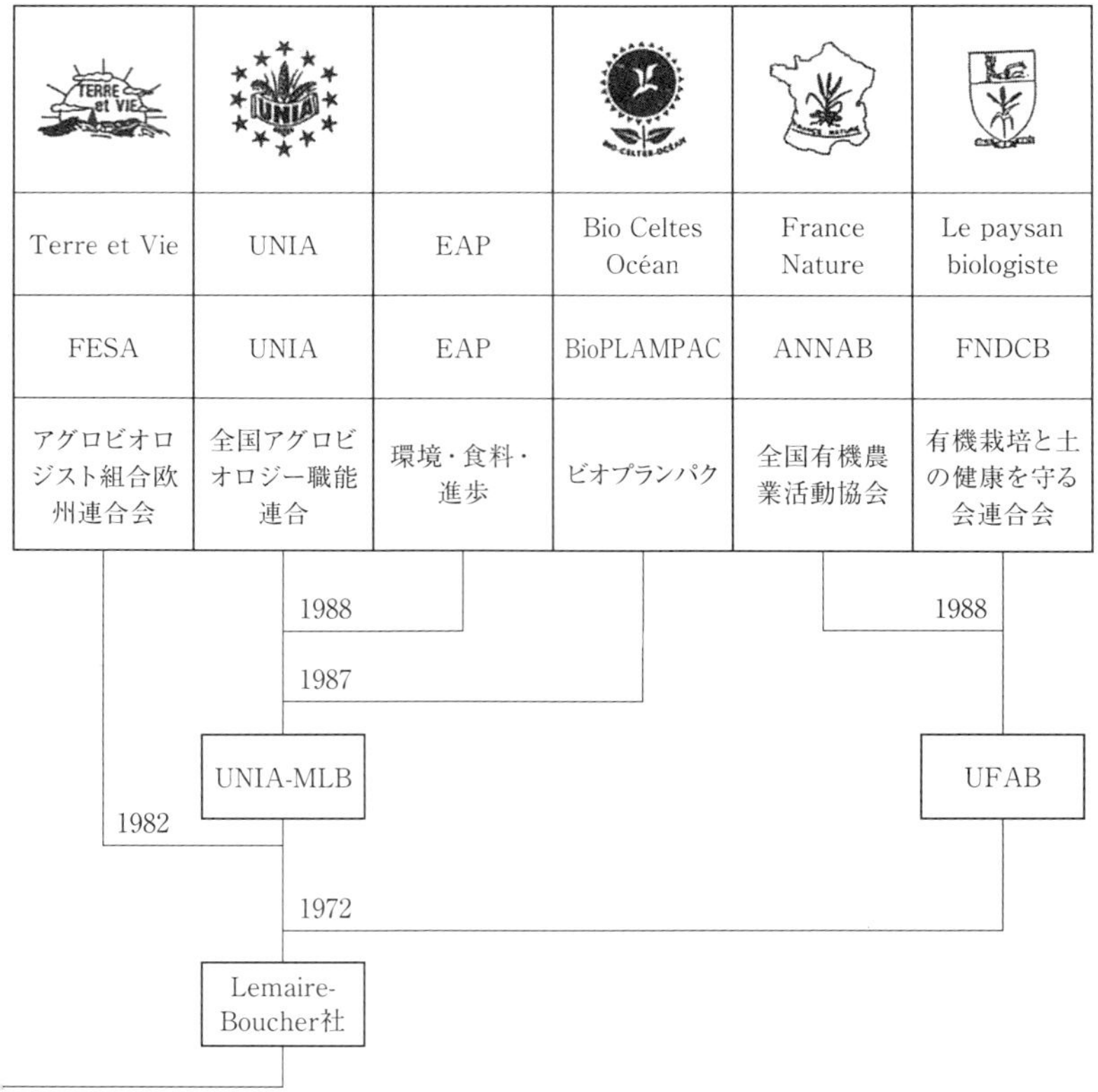

図10　フランスの有機ブランドの系譜（EU規則ができる1991年まで）
注：認証された生産規格を持ち80人以上の生産者を組織する団体（1991年現在）
資料：De Silguy, *L'agriculture biologique,* P.U.F., 1991より作成

ロゴ					
ロゴ名称	DEMETER	SIMPLES	Biobourgogne	Nature et Progrès	Bio Franc
団体名	SABD	SIMPLES	Biobourgogne	Nature et Progrès	FNAB
	バイオダイナミクス農業組合	簡素な経済のための山間地域組合	ブルゴーニュアグロビオロジー総連盟	自然と進歩	全国有機農業連合会

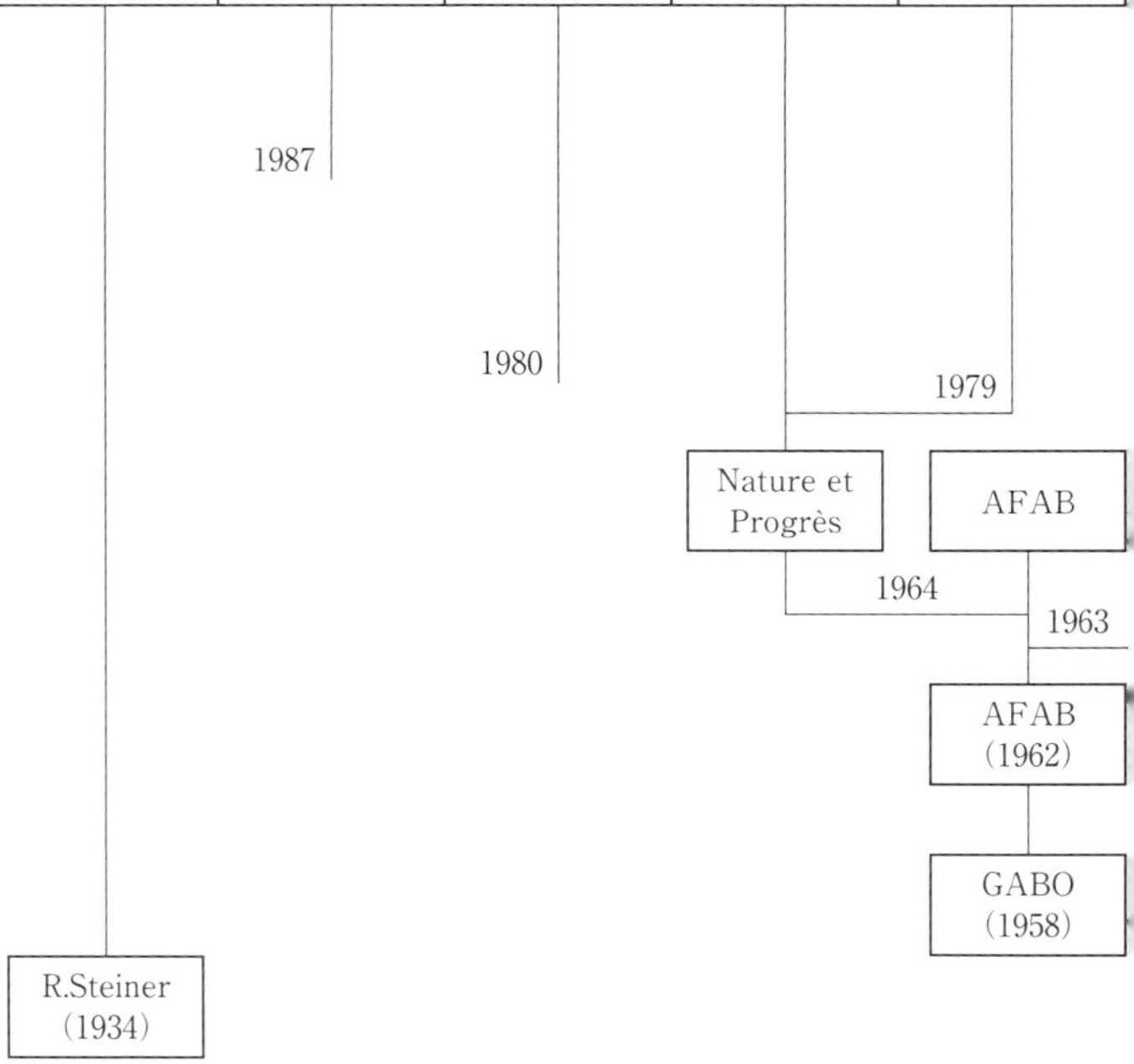

よる農産物の有機基準の統一や認証団体に対する欧州規格４５０１１の取得の義務付けにより、フランス独自の有機ブランドの役割を終える。

①　デメター（Demeter）：バイオダイナミクス農業組合（SAB, Syndicat d'agriculture bio-dynamique）のブランド。一九九一年現在、一四〇名の生産者が加盟。生産規格は他国のバイオダイナミクス協会とおおむね一致する。今日でも、EU規則とは別の生産規格を持ちブランドを運用管理。二〇一二年、生産者四〇〇人、加工・流通業者六五社が認証を受ける（http://www.bio-dynamie.org/）。

②　サンプル（Simples）：一九八二年に設立された「簡素な経済のための山間地域組合（Syndicat Intermassif pour l'Economie des Simples）」のブランド。山間地域（アルプス、セヴェンヌ、コルス、ジュラ、中央山地、ピレネ）の香草、薬草の生産者、採取者による団体で、現在でも、組合に加盟し、品質と環境に配慮した香草、薬草の生産と採取の基準、ブランドを運営している。

③　ビオブルゴーニュ（BioBourgigne）：ブルゴーニュ州を中心として一九八二年に設立されたブルゴーニュアグロビオロジー総連盟（Confédération générale des agrobiologistes de Bourgogne）のブランド。今日、ブルゴーニュ州の有機農業団体の連合会として、地域の有機農業の推進を目的とした活動を行うとともに、ＥＵ有機認証を得た地元産の有機生産物に対して「ビオブルゴーニュ」のブランドを付す事業を行っている。

④　自然と進歩（Nature et Progrès）：一九六四年、農業者、消費者、医師、農学者、栄養士などが設立、あわせて同名の機関紙の発行を始めた。ＥＵ規則とは別の生産規格を持ち、第三者認証とは異なるＰＧＳ（参加型認証システム）で運用する。会員数約二〇〇〇人、二七団体の地方組織を持つ(15)。

⑤　ビオ フラン（BioFranc）：一九九〇年に全国有機農業連合会（Fédération Nationale d' Agriculture Biologique：ＦＮＡＢ）の生産規格を運営するために設立されたブランド。加入要件は生産規格の遵守のほか、ビオフランが承認した検査機関による検査、品質契約の取り決め、ＦＮＡＢを組織する近隣の有機農業者グループ（ＧＡＢ）に加入すること、がある。ＦＮＡＢは今日、フランスの有機農業者の約三分の二を組織する団体である。

このうち、①②④は独自の生産基準を持ち、認証を行う。
また、以下は解散した団体である。

⑥　土と生活（Terre et vie）：ＦＥＳＡ（Fédération européenne des syndicats d' agrobiologiste：ヨーロッパ有機農業者組合連合会）のブランド。一九九一年、検査の不備や偽装問題が発生し、認定が取り消され解散。
⑦　ＵＮＩＡ（Union national interprofessionnelle de l' agrobiologie：全国有機農業職能連盟）：一九八三年に設立された団体で、有機農産物の販売促進を重視。
⑧　ＥＡＰ（環境・食品・進歩、Environnement Alimentation Progrès）：ルメール・ブシェ法の生産者グループが一九八八年に設立した同名の団体。偽装の発覚により一九九一年、認定取り消し。
⑨　ＢｉｏＰＬＡＭＰＡＣ（ビオプランパック）：ルメール－ブシェ法を実践するフランス南西部の生産者が参加。ＬＡＭＰＡＣは活動範囲とする州の頭文字による。
⑩　フランス ナチュール（France Nature）：一九八七年設立の全国有機農業活動協会

（ＡＮＡＡＢ）が有するブランド。同協会は農業者、加工業者、流通業者、資材販売業者が作る組織で、独自の契約生産規格を尊重する農業者と生産契約を行う。

⑾　有機農民（Le paysan Biologiste）：ＦＮＤＣＢ（Fédération nationale des syndicats de défense de la culture biologique et de protection de la santé des sols：有機栽培と土の健康を守る会連合会）のブランド。

有機農業団体の誕生

有機農業グループの嚆矢となるＧＡＢＯ（Groupement d' Agriculteurs biologique de l' Ouest：西部有機農業者グループ）は一九五九年に設立された。教員、医師、農学者など四〇〜五〇人が参加するが、農業者はこのうち四〜五人であった。(16) 有機農業の組織化の始まりは必ずしも生産者によるものではない。

海藻を自然肥料として利用する有機農法を提唱したルメール（Lemaire）とブシェ（Boucher）はＧＡＢＯ内の一派であったが、一九六三年にルメール・ブシェ（Lemaire-Boucher）社を設立し自然肥料の商品化を開始した。(17) 他方、このような商業主義的な活動に対抗して、農業技官のルイ（André Louis）や建築家のタベラ（Mattéo Tavera）らが一九六四年に設立したのが「自然と進歩（Nature et Progrès）」である。フランスの有機農業組織の二大潮流の形成である。

農村に浸透したのはルメールとブシェのグループで、中小の有畜複合経営を対象に販売活動を展開、主たる顧客は集約的な農業に踏み出すには資金的に厳しい生産者であった。ルメール・ブシェ農法を実践する生産者は、同社から肥料を買い入れ、生産物に共通のラベルを貼付し、同社に売り渡す仕組みである。しかし、農村への有機農業の普及に寄与したものの、技術的な信頼性が疑われるようになり、一九七〇年代には次第に勢力を弱めた。一九七八年に有機農業者の職能団体として設立されたＦＮＡＢは、ルメール・ブシェ社から離れた農業者を中心に組織され、「自然と進歩」と同様に開かれた有機農業を標榜する。(18)ＦＮＡＢは今日でも、各県、各州に組織された有機農業者の団体の連合会として、有機農業者を代表する団体である。

「自然と進歩」の中心は、新鮮な野菜や果実、ヤギのチーズなど生産物の直販を求めた体制批判の知識階層である。有機農業の制度形成に向けて「自然と進歩」が果たした役割はおおむね以下のように整理できる。

第一は有機農業の経済組織構築への寄与であり、今日、全国に展開したビオコープの形成である。県単位に組織された「自然と進歩」のグループは共同購入を開始、一九八〇年代になるとこれらが消費者協同組合を組織した。ビオコープの多くはこれらの消費者協同組合を前身としている。

他方、生産者は州単位の集荷を目指して販売組織を設立し組織化を始めた。一九七六年に南西部有機農業グループ（GABSO）、一九八一年南フランスにソルビオ（Solebio）が設立されるなど、都市の卸売業者向け、果樹・野菜の輸出向けの集荷体制を整えた。九〇年代になると、これらの生産者団体が消費者協同組合が持つ拠点施設と統合してビオコープの集配センターとなる。

第二は国際的な有機農業運動への寄与である。一九七〇年代初期に「自然と進歩」はイギリスやオーストラリアの土壌協会（Soil association）、デンマークのバイオダイナミクス協会、アメリカのロデールプレスとともにIFOAM設立の一翼を担った点や、現在ドイツにあるIFOAM事務局が一九七六年まで「自然と進歩」内に置かれていた点があげられる。

第三は技術普及への寄与である。「自然と進歩」は一九七八年、ルメール・ブシェ社の有機栽培法の非科学性を批判しつつ有機農業独立指導員協会（Association des Conseillers

Indépendants en Agriculture Biologique：ＡＣＡＢ）を設立した。その目的は技術支援や情報交換のニーズにこたえるもので、とくに有機作物の検査の信頼性向上や検査員の独立性の向上を目指した。ＡＣＡＢは今日、国際的な認証会社となったエコサート（Ecocert、仏語読みではエコセール）の前進である。

第四は有機農業の制度形成への寄与である。有機農業の認知には制度の役割が重要として、社会的に認知された運動を目指した。「自然と進歩」のリーダーらが政府の原子力エネルギー情報委員会委員や上級環境委員会委員となるなど、公の舞台で活動する一方、「自然と進歩」はパリにて有機農業サロンを開催するなど、積極的に社会的な認知を求めた。当時、有機農業について行政や一般の農業団体から公的な認知を目指すことが有機農業運動全体に共有されていった[19]。

有機認証の成立と技術普及

一九七七年、有機農業を公認する法案が廃案になったのをきっかけに、有機農業の各グループの代表がそれぞれの違いを超えて行政に対して公的な認知を目指すことを確認、生産者と加工・流通の川下部門の連携を図ることを目的として全国有機農業加工・流通職能間連合（Union National Interprofessionnelle des Transformateurs　et des Distributeurs de l' Agriculture Biologique：ＵＮＩＴＲＡＢ）が結成された。一九八〇年にはＦＮＡＢ副会長兼ＵＮＩＴＲＡＢ会長のデブロス（P.Desbrosses）の提起により、有機農業界の行動指針を定めたブロワ（Blois）憲章がまとまる。生産から川下まで組織された有機農業界の成立である。

こうして、一九八〇年農業基本法が「合成化学物質を利用しない農業」として有機農業に言及し、法制化の基礎ができた。ここからフランスはＥＵ諸国のなかで、もっとも早く公式の認証制度を整備した国となっていく。[20]一九八八年には「有機農業（Agriculture Biologique）」を公式名称とし、名称と法定のロゴマークの使用には認証機関が定める生産規格の遵守が義務付けられた。

一九八〇年農業基本法を受けて、一九八三年には全国有機農業規格認証委員会（Commission National d' Homologation des Cahiers des Charges de l' Agriculture Biologique：ＣＮＨＡＢ[21]）が設置され、一九八四年には有機ロゴの商標登録、一九八五年には有機農業において使用可能な薬剤や製品の特定に関する作業が始まった。一九八六年には「自然と進歩」の生産規格が公式に認証を受け、同年秋よりこれを遵守する農業者に対して公式の表示使用が認められた[22]。このほか、デメター、FESA、サンプルの生産規格がCNHABの認定を受けたのは一九八八年である。また、一九八八年には生産規格の認証が義務化され、以降、これに基づいて生産された生産物のみが「有機農業」を名乗ることができる[23]。

一九八〇年代には技術普及の制度化も進んだ。有機農業技術院（Institut Technique de l' Agriculture Biologique：ITAB）がACAB、「自然と進歩」、FNAB、FESAなど主だった有機農業団体を構成団体として一九八二年に設立された。非営利社団として出発したが、一九八三年より技術普及機関（institut technique）として位置づけられ、農業技術普及の政府予算の交付を受ける団体となった。理事会の構成は有機農業団体代表、有機農業者、国立農学研究所（INRA）、国立保健医学研究機構（INSERM）、有機農業以外の部門別技術普及機関、農業・獣医教育機関、行政機関などで、官民に開かれた有機農業を体現する組織として評価される[24]。

検査機関の独立性

有機農業の制度形成のかなめに検査の考え方がある。一九九〇年にフランスで認証された生産規格は農産物が一四、加工農産物が六であった。生産規格は互いに似通っているが検査システムが異なった。たとえば、バイオダイナミクスでは生産者が互いにボランティアで検査を行えたし、ＵＮＩＡは団体の運営委員会が表示マークを発行、ＦＥＳＡは肥料を供給する販売員が生産者に対する検査を行う。「自然と進歩」の生産者グループは検査の独立性を重んじ、一九八五年に「自然と進歩」の生産規格を利用した団体（「自然と進歩」、ビオブルゴーニュ、ビオフラン）と有機農業独立指導員協会（ＡＣＡＢ）が協定を締結した。しかし、一九八九年にＥＵが制定した認証機関が遵守すべき規格（ＥＵ規格４５０１１）は、検査を生産業務、指導業務、認証業務から分離することを要件としており、ＡＣＡＢの仕組みは要件を満たさない。そこでＡＣＡＢは一九九〇年の年次総会において検査業務を私企業に譲渡することを決定。翌年、ＡＣＡＢの会員が個人の資格で検査業務を行う企業として立ち上げたのがエコサート社である[25]。

フランスでは一九九一年、ＥＵ規則に先んじて認証団体の欧州規格４５０１１の取得を義務付けたことで、有機ブランドを持つすべての団体が検査を独自に行えなくなった。検査はエコサートのような検査業務の専門機関が実施しなければならず、ＥＵ規則を通じて有機農産物の生産規格が一本化されると、フランスにおいて有機ブランドが割拠する時代は終わった。[26]

ヨーロッパの有機農業制度

フランス国内で着々と有機農業の制度化が深まるなかで、自ずとEU内でも影響をおよぼす。一九八四年、IFOAM総会はフランスで有機農業が政府に認知された点を評価、全国有機農業職能間委員会（CINAB／一九八〇年設立）会長がIFOAM理事に選任された。フランス出身の同理事は「パリで遂げたことをブリュッセルで果たす任務」に就き、一九八五年、EU規則の制定に関する第一回会合がEUの行政部局との間で取り持たれた。EUにおいて有機農業に関する規則制定の機運の背景には、構造的な生産過剰をもたらした農業政策への批判、一九九一年EUの市場統合を目指して、不正防止対策と自由かつ公正な域内共通のルール作りの進行、不正な有機農産物の流通の問題があった。[27]

他国に比べてフランスの有機農業の制度形成が進んでいたため、EU規則制定の過程でフランスの提案は影響力を持った。とくにフランスが提案した点は、①有機農業の名称の使用のあり方、②EU共通のロゴの制定、③EU共通の有機農業の定義（生産、加工、保存、販売方法）、④加盟国が監督する第三者機関が行う定期的な検査制度、であった。[28]有機農業の制度化をいち早く進めたフランスはＥＵ規則制定におけるルールメーカーの立場にあったといえる。

５　官民あげての有機農業振興

農業界への浸透

フランスで農業界を代表するのは、各県、各州ごとに組織された農業会議所である。農業経営者、農業労働者、農地所有者、協同組合や共済組合の各グループで、六年に一度実施される選挙で理事が選出される機関で、政府に対して農業界を代表するとともに、農業者に対する経営相談や技術普及を行うスタッフを抱える。この農業会議所において、二〇〇〇年代になると有機農業振興が事業の一つに加わるほか、各県に一人以上、有機農業を担当する専門職員を配置するようになった。

有機農業を始めたい生産者が門をたたくのはＦＮＡＢに加盟する各県、各州の有機農業者団体であったが、加えて、農業界をあげた有機農業の推進体制が整ったことになる。供給量を増やすには、相当数の慣行農業者が有機栽培へ転換しなければならない。とりわけ、新規参入による有機栽培の開始が困難な穀物生産では、農業界を代表する農業会議所の役割が期待される。各地で開催される技術講習会や見本市、展示会を通して、有機農業で培われた抑草や肥培管理の技術が慣行農業者の関心を引く局面も多い。慣行農業が支配的な農業界を代表する機関が有機農業振興に本格的に動き出すことによって、有機農業の認知と関心はいっそう深まっている。

有機農業振興計画

他方、フランス政府は三期にわたって、有機農業振興計画を実施してきた。一九九八〜二〇〇二年を実施期間とする有機農業振興複数年計画では、有機農業面積の割合を〇・五パーセントから三パーセントにする目標を設定、有機転換中の助成の拡充、有機農業と慣行農業の橋渡し機能の構築、また広報や啓発を含めた有機農業振興の総合的な調整機関として上述のアジャンス・ビオを設立した。生産者をはじめ有機食品や農産物を扱う認定事業者は機構に登録することが義務付けられ、このことを通して有機農業振興に資する生産と消費にかかる統計が整備された。

続いて二〇〇七年に政府が打ち出したのが、計画期間二〇〇八〜一二年とした有機農業振興計画「有機農業：展望二〇一二」である。ここでは、農地利用面積に占める有機生産面積割合を二パーセントから六パーセントに引き上げる数値目標が設定された。その骨子は、有機への転換時だけでなく生産継続への財政支援、業界の連携強化、研究開発と普及教育の支援、給食等への有機農産物の利用促進である。

有機転換と継続の支援には、有機転換に対して給付される環境支払いの給付上限の撤廃、有機生産を行う経営を対象とした所得税の減税がある。地方自治体でも、認証費用に対する助成措置を講じたところがある。財政負担をともなった政策支援は近年の有機生産面積の拡大の大きな要因の一つである。

有機農業のフードシステムは川上から川下まで、生産、加工、流通、小売などさまざまな業界が関わる。有機農業の振興には生産現場の支援だけでなく、有機固有の流通システムが構築されねばならない。政策支援の必要性はこのような業界の連携基盤の強化にも広がる。また、ＥＵの有機関連規則の改正に向けて、環境配慮の観点により適う制度に向けた議論を喚起し、制度改正に反映させる取り組みも含まれる。

研究開発や教育普及では、農業高校におけるカリキュラムに有機農業を本格的に位置づけるなど、有機農業のいっそうの浸透を図ることになった。研究開発や技術普及における作物ごとの技術普及の体制は、経営全体の総合技術を必要とする有機農業になじみにくい。研究開発や技術普及の分野でも、同様に連携基盤の強化が必要とされている。

以上のような生産者や業界の支援や、研究開発・技術普及もさることながら、有機農産物の需要を拡大する政策も重要な柱となる。生産者から見れば、助成金による所得支援も重要だが、それよりも需要がしっかり形成されているかが、有機への転換の決断につながるからである。

有機食品・農産物は将来的に「まだまだ有望でダイナミック」な市場になるとして、二〇一三年三月、政府プログラム「アンビション・ビオ（Ambition Bio）二〇一七」が総合的な有機農業振興計画として動き出した。二〇一七年までに有機農業面積の割合を倍増させるという野心的な数値目標が設定された。

有機農業者向けの助成金の拡充を通じた生産振興、とりわけ、輸入依存の穀物や油糧種子などの畑作における有機生産の振興、消費者の啓発や市場の拡大を進めることに加え、生産現場をはじめとした有機食品産業における人材の養成に力を注ごうとしている。日本で生産される有機農産物は、今のところ、特段の加工を経ずして消費できる野菜やコメに限られる。しかし、フランスをはじめとしたヨーロッパでは、食肉や乳製品、製粉や製パン、さらには冷凍食品や菓子類といった加工食品まで、幅広く有機農産物が浸透している。市場の拡大にともない、生産者に限らず関連業種の人材育成も、官民あげての重要な課題である。

【注】

（1）農林水産省「有機農業の推進について」平成二六年五月。
（2）Agence Bio の調べによる。
（3）BIOCOOP, Dossier de presses 2013.
（4）注（3）に同じ。
（5）Agence Bio, Chiffres clés. L'agriculture biologique. Edition 2012.2013. における特集「Focus sur la vente directe des producteurs aux consommateurs」より。なお、直販に関する有機生産者抽出調査は Agence Bio が二〇一二年五月に実施。
（6）MIRAMAP, Agissons ensemble pour une souveraineté alimentaire local.
（7）ここで給食等を指す語は「restauration collective」である。英語には Community catering があてられる。

（8）給食施設における有機農業による生産物の利用に関する国の模範性に関する二〇〇八年五月二日の首相通達。
（9）Agence Bio, Guide d'introduction des produits bio en restauration. mars 2010.
（10）Commission des affaires économiques et du plan, Le rapport sur la proposition de loi relative aux jardins familiaux et aux jardins d'insertion. Senat, la séance du 2 juillet 2003.
（11）服部有希（二〇一二）「フランスにおける最低所得保障制度改革――活動的連帯所得手当RSAの概要」『外国の立法』二五三、国立国会図書館。
（12）Jardin de Cocagne機関紙〝Arrosoir〟より。
（13）最低所得給付（Revenu minimum d'insertion）と母子・父子世帯給付（Allocation de parent isolé）は二〇〇九年、就労者連帯給付（Revenu de solidarité active）に統合、二〇一〇年の受給者数はおよそ一八〇万人、二〇〇八年の更生施設、宿泊提供施設の収容定員は、八万八五〇〇人（MAINAUD, T. Les établissements d'hébergement pour adultes et familles en difficulté sociale. Ministère du travail, de l'emploi et de la santé. 2012.）、二〇一〇年の平均失業率は九・四パーセント、二六五万人（INSEE）にのぼる。
（14）フランスでは、一九九〇年代初頭よりコカーニュ農園グループがAMAPに先立って、購入契約を通して野菜かごの販売を実施していた。AMAPの活動開始は二〇〇一年である（Patrick Mundler et Albane Audras, « Le prix des paniers : Analyse de la formation du prix du panier dans 7 AMAP de la région Rhône-Alpes ». 4 èmes Journées de recherches en sciences sociales INRA SFER CIRAD, 2010.）。

(15) La revue de l'agriculture bio « Biofil » le 28 juillet 2014.

(16) Solenne Piriou, L'institutionnalisation de l'agriculture biologique (1980-2000) Thèse présentée devant l'Ecole Nationale Supérieure Agronomique de Rennes. 2002, p.90.

(17) Arlette Harrouch, Le rôle de Nature et Progrès dans l'histoire de la bio en France : Témoignage d'une actrice engagè. « Nature & Progrès » n°44 / novembre-décembre 2003.

(18) Piriou, op.cit., pp.103-104.

(19) Ibid., pp.114-117.

(20) C. de Sulguy, L'agriculture biologique. P.U.F., 1991, pp.77-79.

(21) 行政機関代表のほか、消費者代表四名、有機農業生産者代表六名、慣行農業者代表二名、農薬・化学肥料製造業者代表二名、有機農業の川上川下部門代表四名で構成される。販売業者代表が加わった。
(22)「自然と進歩」は一九七二年にはじめて固有の生産規格を作ったが、当時はそれについてコンセンサスが得られていたわけでもなく、義務でもなかった。一九八〇年までは生産規格に従い記載を行った生産者は一八〇人たらずであった(Piriou, op.cit., p.113)。
(23) Piriou, op.cit., p.142.
(24) Ibid., p.133.
(25) Ibid., pp.158-159.
(26) Ibid., p.406.
(27) Ibid., p.152.
(28) Ibid., p.157.

第4章　アジアの有機農業

——韓国とタイ・ベトナムの事例から——

金　氣興

金　氣興

（キム　キフン）

1977年，韓国蔚山《ウルサン》市生まれ。

忠南研究院責任研究員。

東京大学大学院農業・資源経済学専攻博士課程修了，博士（農学）。日本と韓国，タイ，ベトナムなどを中心にした有機農業を研究する。東京大学東洋文化研究所汎アジア部門で日本学術振興会外国人特別研究員（2009～11年）と特任研究員を経て現職。著書『地域に根ざす有機農業――日本と韓国の経験』（筑波書房，2011年）。

1　韓国の有機農業

三カ国それぞれのスタンス

本章ではアジアの有機農業について、韓国とタイ、ベトナムを対象として事例中心に紹介する。

まず、韓国では、一九七〇年代から先進的な農家によって有機農業が始まり、一九九〇年代に入ってからは政府が中心になり積極的な支援策のもとで有機農業が推進されてきた。韓国の場合、段階的な発展を目指し、無農薬栽培を含む有機農業の振興ということで、「親環境農業（環境にやさしい農業）」という言葉で推進されている。政府の積極的な推進が始まった一九九〇年代から地域単位の助成や直接支払制度が活用されるようになり、その結果、有機農家の数や面積は毎年増加し、成長ぶりをみせている。ここでは、韓国有機農業のメッカと呼ばれている忠清南道洪城（ホンソン）郡の洪東（ホンドン／以下、ホンドン）地域の有機農業の発展の様子をみる。ホンドンは一九七〇年代の韓国有機農業の発祥地であり、有機農業の長い歴史をもとに、今でも地域活性化的要素を維持しながら多様な実践が続けられている。今ではこのような地域を中心にした活発な動きを住民主導で起こしていくという村作りの代名詞になっており、さまざまな活動が注目されているが、なかでもとくに有機農業自体に焦点をあてて、その展開の様子を紹介しよう。

次に、タイでは一九九七年に始まる経済危機を契機にプミポン国王による「自給自足経済（足るを知る経済）」が提唱されており、このような国王のアイデアを受け、農村では「複合農業」というタイの伝統的な農業が復活しつつある。とくに東北タイではさまざまな主体による有機農業の推進事例がみられる。まず、ロイヤル・プロジェクトとして有機農業モデルファームが作られ、経済危機で職を失った人びとに再生の機会を与えている。そこでは農業協同組合省が中心になり、有機農業技術の普及につとめている。また農家単位では、近代農業に対する反省から有機農業へ転換する動きもみられる。最近では、地方自治体による有機農業の支援と、それにあわせて有機農業に転換する若い農家グループの参入も多い。ここでは、東北タイのなかでもカラシン県を中心にした有機農業の展開を紹介しよう。

最後に、ベトナムでも最近、農薬汚染を危惧して食品の安全に対する関心が高まり、ホーチミンなど大都市を中心に安全な食品の需要が増えている。自ら安全を確認し、より安全な食べ物を手に入れるために、直接農場まで農産物を買いにくる積極的な消費者も増えつつある。またツーリズムの一環で有機農場を訪問し、有機栽培を体験する外国人の需要もある。このような動きにあわせて、地方の大学では安全な生産技術を普及しようとする積極的な支援を行っているところもある。一方で、いまだに国の有機認証基準などはなく、安全基準を守るためのＧＡＰ（Good Agricultural Practices：農業生産工程管理）基準が始まったばかりである。最近ではＩＦＯＡＭ（International Federation Organic Agriculture Movement：世界有機農業運動連盟）が中心になって展開されているＰＧＳ（Participatory Guarantee System：参加型有機認証システム）運動の動きも出てきている。ここでは、小さい動きではあるが、ベトナムの各地で実践されている有機農業の展開の様子を紹介しよう。

ホンドンの合鴨農法

韓国、ホンドン地域における有機農業の歴史は一九七五年にさかのぼる。この年、日本の愛農会の小谷純一先生がホンドンで講演を行い、日本の経験をもとに有機農業の重要性を主張した。その影響を受けて一九七六年に有機農業を実践する農民たちの集まりである正農会（正しい農業を行う会）が成立されることになる。当時大きな感銘を受けたジュ・

図1　合鴨農法

ヒョンロさん（現・正農会会長。五五歳）は正農会に加入することになり、プルム農業高等技術学校（一九五八年設立）を卒業した後、本格的に有機農業を始める。大きな理想を持って始めたが、周りからの視線は冷たく、大変な時期を過ごしてきたという。

　ホンドンの有機農業が転機を迎えたのは、合鴨農法を取り入れてからである。合鴨農法は、日本の『現代農業』という農業専門雑誌を読んだホン・スンミョン先生（元プルム農業高等技術学校長）がこれを翻訳し、知られるようになった。ジュさんは、最初は三名の農家と一緒に九〇〇〇坪の規模で有機農業を始めたが、一九九四年のウルグアイ・ラウンドをきっかけに、グローバル環境に対応するため差別化された競争力のある農業の必要性を感じ、周りの農家を説得し、その結果、賛同する人が一九名に増えた。

　合鴨農法を実践するためには合鴨を購入する資金が必要であった。ジュさんは都市の一般市民と協力することに意味があると考え、一九九五年に新聞を通じ合鴨代を募る運動を実施した。「都農一心、一緒になる農業」という精神で始まった。この運動はとても大きな反響を呼んで、約五〇〇名の市民が支援金を送ってくれた。また市民から数日間に六〇〇本を越える問い合わせの電話があったという。当時集まった金額は一九五〇万ウォン（九ウォンは約一円）にのぼる。この資金で合鴨と網などの必要な資材を共同で購入し、農家に分けることができた。このような合鴨農法を利用した有機農業で全国的に有名になる。その年の合鴨放し飼いのイベントの際には約五〇〇名の市民が参加した。

図２　市民との交流イベント

このような市民に対する感謝の気持ちから、市民を招待してホンドン地域住民とあわせて約二〇〇〇名の人たちが集まる交流会が開かれた。農家は自ら生産した農畜産物を快く提供し、市民と一つになる貴重なふれ合いの場になった。また市民にとっては農業と農村を直接見て感じることのできる教育的な価値の高いイベントにもなったであろう。その後、市民からたくさんの感謝の手紙が届き、今でもきちんと保管されている。合鴨農法は鳥インフルエンザ以後、残念なことに、この地域では象徴的な活動としてのみ残ることとなった。

　ホンドン地域の有機稲作農家の集まりである農協作目会の代表、パク・ビョンウンさん（六二歳）によると、合鴨農法は昨年三月以降、やっている人がかなり減ったという。パクさんは、二〇歳だった一九七三年から農業を始め、有機農業に転換したのは一九九九年のことである。周りに有機農業を早くからやっていたジュさんもいたが、一緒にする勇気はなかったという。しかし、どんどん有機農業に関する意識の変化があり、有機農業に転換することになる。個人としては、一四区間（一区間は九〇〇坪）で有機農業をやっており、三区間では合鴨農法をするという義務事項があるが、六区間で合鴨農法をやってきて、今年は四区間になった。

　今年、農協作目会では一五〇区間の一三万五〇〇〇坪で合鴨農法を実施している。パクさんの住んでいる村では一九〇〇羽の合鴨を使った。農協作目会ではホンドン地域全体の三三カ所の集落のうち、一三の集落で二三〇名の農家が有機農業をやっている。農協作目会の会員の数は一番多いときで三一五名、昨年は二一八名、そこに今年は隣の集落の一二の農家が加わった。合鴨農法は二〇〇二～〇五年がピークで、三一二名の農家が四万二〇〇〇羽の合鴨を使った。

合鴨放し飼いのイベントは毎年六、七月に行われ、農民だけではなく市民たちが家族連れで訪れるほど人気があった。しかし、鳥インフルエンザの影響でコメの値段が下落することを心配した多くの農家は、その年の合鴨農法を諦めた。一回諦めたら、とても楽であることがわかり、それ以降、農家は合鴨の飼育をやめることになる。合鴨を飼育し、管理する負担から、合鴨農法をやめる農家が増えることになったのである。合鴨は育てることも大変だが、処分することも簡単ではない。合鴨農場から二〇〇〇ウォンで買ってきて、稲作が終わる四カ月後には同じく二〇〇〇ウォンで売らなければならない。

合鴨の代わりにタニシに転換することになったが、タニシ農法については、韓国の冬はとても寒いために越冬しないので、一部で心配される生態系撹乱などの問題はない。しかし、合鴨との交感を通じた教育的な側面がなくなるのは、もったいないような気がする。

黒米の導入と環境農業教育館

一九九六年には差別化を図るために中国から持ってきた黒米を植えることになる。黒米に可能性があると考えたジュさんは、周りの人たちに分けようとしたが、引き受けようとする人はいなかった。そのうち、二名の農家に分けてあげたら、味も香りも良くて、収穫量もかなり取れたために、評判が良くなっていた。その際、地域農協の組合長に見せることができたが、その良い品質を絶賛され、はじめて農協と契約栽培まで可能になった。農協と安定的な契約ができると、黒米を作りたいという農家がさらに出てきた。今度は、その数があまりにも多く、地域内で黒米を作る順番を決める「黒米規約」というのを設けることになる。「黒米規約」というのは、まず土地が少ない貧しい人、次に地域の仕事に積極的でない人、最後に農地を持つ人という順番に定められた。つまり、地域の貧しい農家に配慮しながらも地域共同体のために地域の仕事に興味のない農家たちに先に機会を与えることで、地域のことをともに考えていくきっかけを作ることができるというわけだ。これはとてもいいアイデアである。そのようにして農協に黒米を売ったお金の一部を環境資金として確保することになる。モミの状態で三〇キログラムごとに一万ウォンの基金を農家から出してもらい、地域の共同体のために使うように積立金を集めることになった。

この環境基金は一九九六年に地域共同の土地を買うのに使われる。つまり、ムンダン里環境農業教育館の敷地である三〇〇〇坪の土地を共同で購入することができた。現在、地域の土地は七〇〇〇坪になるという。ジュさんは二〇〇〇年ごろまで日本のさまざまな村を見学してきたが、そこで日本の教育施設の文化を学ぶことになる。山のなかの一〇〇坪くらいの規模に、図書館や食堂があり、宿泊までが可能である施設のことである。その影響で帰国してからずっと教育設備の重要性を感じていた。そして、環境農業教育館を作るための計画を設けることになり、一九九九年にはこれを本格的に実践するためにホンソン環境農業営農組合法人を設立する。「考える農民、準備する集落」(以降、これはホンドンのモットーになる)というコンセプトのもと、「二一世紀のための環境農業教育館の設立計画案」を提出した。当時提案された計画書ではその目的を以下のように記す。

環境農業を通じて土と食を守り、環境農業の中心地をホンソンにすることで、ホンソン地域を活性化し、ここを訪れるすべての生産者と消費者、子供たち、公務員の教育を担う。それによってホンソン地域の環境農業とホンソンの文化遺跡をともに知らせる役割を果たす。その結果としてより美しいホンソンを作り、環境農業を発展させ、体系的で安定的な契約生産を図り、農民の所得を増大することで、活きていくマウル(マウルは日本の約二、三個の集落の規模のことである)を作ることにその目的がある。

このようなホンドン地域の努力によって政府から補助金を受けることになり、環境農業教育館の設立が推進されることになった。有機農業の地域にふさわしく、教育館は三万五〇〇〇枚の黄土のレンガでできている。最初は「合鴨運動」のように、意識ある市民たちからレンガを送ってもらう運動などを展開したが、あまり反響を得ることはなかった。また、もともと補助金を受けることになっていたのが一年間繰り延べされることになり、計画通りにはならなかった。それにもかかわらず、農家の間ではもっと準備しようという機運が高まり、一九名の農家が集まって毎日農家自ら黄土のレンガを作ることになった。ちょうど地域で使っていない屋根の高いハウスを借りて、そこで毎日四名の農家が持ち回りでレンガを作ったのである。そして二カ月で三万枚を準備することができた。

このようにして環境農業教育館は二〇〇〇年に設立され、二〇〇二年から本格的に組織体制を整えることになった。協同組合形式として、当時、近くの集落の九〇名のうち、五三名から出資してもらった。みんなが出資し、利益が出ればみんなに配当するという、まさしく協同の精神から始まったのである。環境農業教育館の事務長であるジョン・イェファさんによると、初期の教育館の仕事は、有機農産物の販売や、農業体験をすることがメインであったが、その運営や管理などは簡単なことではなかったという。しかしその後、運営管理は着々と安定していった。

ホンドンの活動は大きく四つの部分に分かれている。まずは有機農業、次に村作り、そして協同組合、代替教育である。すでに紹介したように、ホンドンの始まりは有機農業であり、技術支援などは今でも行われている。有機農業から展開されてきた村作りは新しい体験プログラムや後で紹介する圏域事業のようなことに拡大された。

代替教育に関しては、ホンドンを訪問する団体の目的や人数などによってそれぞれにあわせたプログラムを組むことになっている。必要によっては外部から講師を呼ぶこともある。ここを訪問する人たちは地域に関する講義を聴いた後、現場を回るコースになっている。現在、ホンドン地域には年間三万五〇〇〇名の訪問者が訪れている。一階には食堂の厨房があり、二階には講義室、また隣の建物では宿泊も可能であり、いつでも教育の場として利用することができる。最近は協同組合の活性化事業にも力を入れている。ホンドンには協同組合をもとにしたさまざまなグループがある。ここでは省略するが、ホンドンでは住民が必要と感じることがあれば、賛同する人たちが自ら出資し、共同で運営するということが自然に次々と出てきている。一番最近できたのは、医療協同組合である。

その他にも教育館が主体になり、アジア農民交流会を行うことでインドネシアの農家と農機具を交換したり、韓日農民交流会を通じて二年に一回は日本の合鴨農家を訪れたり、日本から農家を招待したりという交流を続けている。合鴨農業大会を開き、市民との交流も深められている。

村作り

ホンドン地域ではいろいろな事業が行われてきたが、一九九九年には日本からBMW（Bacteria Mineral Water：微生物を使って農畜産物の排せつ物や残さをきれいな水や土に返すというものであり、韓国では盛んに使われている）という技術を学んできた。このために日本の農村を回った際、その村が六カ月以上の長い時間を使って一〇〇年後を見据えた集落計画を立てているのをみて、ホンドンの有機農業集落一〇〇年計画を準備することになる。ジュさんは「良いことには必ず良い人が一緒になる」と信じていたが、ちょうど緑色連合（環境保護を目的とした市民団体、一九九一年設立）という団体が主体となり、ソウル大学校の環境大学院チームと一緒にムンダン里の総合発展計画を立てることになった。そして「考える農民、準備する集落、二一世紀ムンダン里発展百年計画」をモットーに生態、環境を含めた総合的集落作りを準備することになる。ここではみどり農村体験村造成事業（日本の農水省に当たる農林畜産食品部の事業であり、都市と農村との交流を図るためのもので、親環境農業をやっていたり、昔ながらの農村の姿を持っていたり、都市民の訪問が多かったりして観光事業を行おうとする村が対象になる）、情報化村造成事業（行政自治部の事業であり、農漁村地域にインターネットなど情報システムを構築し、ネットビジネスができたり、住民の情報生活化を図ったりするもの）、親環境農業地区造成事業（農林畜産食品部の事業で、グループによる親環境農業の推進を図るもの）など、さまざまな形の村作りの内容が含まれている。

この計画のもとで、これらを具体化するために農林畜産食品部が実施するムンダン圏域総合開発事業（二〇〇五〜二〇〇九年）を受けることになる。圏域総合開発事業というのは、生活圏や営農圏、水利圏など共通の環境資源のもとで地域住民の間で共同体的要素を持っている小規模の圏域を対象に、景観改善や生活環境整備、住民力量強化や所得基盤拡充などを通じて持続可能な生活環境を維持し、最小限の基礎生活水準を保障することを目的とする。農村地域は都市と比べて、文化、エネルギー、生活などの面でいろいろ不便な点が多いが、そういうことを支援するためのものである。ホンドンにおいても、ムンダンを含む三つの里の五つの集落がこの事業の対象になった。その結果、全部で八つの部門において三三の具体的な事業が行われた。集落の必要によって教育中心計画と、流通や加工のための生協組織、そして多目的会館が設置されるところに分けられた。以降、さまざまな地域関連事業が増えることにより、それらを管理、支援し、団体の間でコミュニケーションを可能にするより大きな組織が必要になり、マウル活力所という支援組織を作ることになった。この組織は地域にある四〇あまりの団体間ネットワークを強化するために作られ、地域活動全般に関する仕事をやっている。地域住民の参加を誘導するために建物や組織のマークなどは公募によってデザインされている。

図3　ホンドンのマウル活力所

その後、ジュさんは、二〇〇九年には老人や若者、子供と障害者など多様な人たちが一緒に住む共同体集落を目指して、二〇棟の家を作り、ハンウルマウル（ハンウルは垣という意味である）を造成することになる。最初は家を作るために、協議会を構成していたが、結局は住民たちと直接会って意見を交換しながら家作りを始めることになった。そのようにお互いに配慮しながら決めていたら、最後はとても展望の良い敷地が残ったという。このように作られたハンウルマウルは家ごとに持ち分があるわけではなく、全体の二〇分の一の単位で分けてデザインされている。つまり、家と家の間に木をひとつ植えるとしても、必ず隣同士の同意が必要であるという若干の強制性を持つ協議の共同体なのである。

ジュさんは、最近は現場中心の農業学校を建てようとしている。木工、発酵、文化、レンガ作り、溶接、微生物などの実務を学ぶ学校であり、協同組合形式のものになる。この学校の出資に対する配当は、「学生たちが育てられた結果として良い国になっていくこと」であるという。村のなかの多様な「達人」があふれる地域社会作りを目指して、現場型教育を中心にする。実習としては畜舎作り、隣の家の台所作りなど現場体験を基本にし、地域にある各種の「達人」たち（味噌作りの達人のおばさんなど）を先生に、生活のなかで地域とともにある教育を志向するものである。聞いているだけで楽しくなる。これまで地域の農家の子供たちが進学し、卒業後は地域に残り、地域活動をする人材を養成してきたプルム農業技術高等学校は、全国的に有名になり、進学校になっている。今は卒業した後、大都市の大学に進学する学生が増えてきている。一学年全体の二五名のうち、三分の一だけが農業に従事し、地域に残る学生はかなり減ってしまったのである。そのために、ジュさんは以前のように地域の農家の子供として農業を学ぶために来ることができる教育の場を作ろうとしている。一年目は基礎、二年目は海外研修、三年目はまとめの期間を持つことで、卒業後は、地域のリーダーとしてこれまで学んだことを活かす機会を与えるという具体的な計画まで作っている。

こういう教育の場ができ、いろいろ面白い体験の場がもっと作れ、地域作りを通じた都農交流が可能になるだろう。現在、韓国では全国的にこれに似たような形の農村体験ムラがたくさん造成されている。しかし、それぞれの個性が活かされた、差別化されたものはなかなか期待しにくい。そのために地域固有性を維持した形でそれぞれの農業と自然を活かした癒しのムラという概念が必要であるとジュさんは主張している。たとえば蚕があるところには糖尿病を治す、コメが有名なところには胃腸病を治す、そういう特化したムラができれば、地域と農業、人も生かすことのできる癒しのムラになるだろう。

有機農業の始まりと拡大

それでは、ホンドンで有機農業が始まったころ、一般の農家は当時、どのように考えていたのだろうか。一九七〇年代に有機農業を始めたオ・ヨンナムさん（六六歳）は、当時をこう語る。若いころ故郷を離れて、一九七一年に村に帰ってきたが、農業をしようとしたら土がもうだめになっていた。それまでの国の農政というのは増産政策に焦点を当てており、土の状態などまったく考慮してなかった。二〇年、三〇年かかっても回復できないのではという絶望感さえ抱いていたという。

そこで始めたのが堆肥作りである。農作物や食べ物から残った副産物と葉っぱなどすべてが堆肥作りの資材になった。一九七〇年代、ホンドンでは畜産に転換する農家が多く、畜産副産物を利用することもあったが、窒素が多く含まれていたために、土を回復する根本的な解決策にはならなかった。一九七〇年代の農業は、除草剤の普及によって収穫量が増え、人件費を減らすことには寄与したかもしれないが、そのような除草剤の危険性に関して誰も警告していなかった。そして一九八〇代に入ると、周囲の農家で原因不明の健康被害が出てきて、病院に通う人たちが増えてきた。しかし、農薬による直接の被害であることを証明することは難しかった。また振り返ってみると、当時の農業というのは、生産者だけではなく、消費者のこともまったく配慮していなかった危ないものであったという。一九八〇年代末までは周りに有機農業をやる農家は少なかったが、ジュ・ヒョンロさんが中心になりグループを作ろうとしていた。彼は有機農業に関して理論的にも実践的にもとても優れていて、全国を回りながら合鴨農法を普及して組織を形成していた。

慣行栽培と有機栽培との収穫量を比較すると、一九八〇年代、前者では二〇〇坪の田んぼに四〇〇～五〇〇キログラムは取れたが、有機に転換してからは半分以下になった。また有機栽培による所得は三分の一程度であった。オさんの記憶によると、当時は「有機農」という言葉よりは「無公害」、「無農薬」というのがより一般的に使われていたという。全国的にはホンドン以外の地域においても散発的に有機農業に挑戦する農家がいて、教育を中心にする研修会などが行われていた。そういうところで有機農業を学んでいたが、現実には所得のことが懸念され、収穫量を増やす方法はあっても土を回復するには十分ではなかったという。

このようにして生産されたものは最初の三、四年間、広告によって売ったりしていたが、一九九〇年代になってから直売や会員制によってソウルにいる消費者に売ることが可能になった。しかし、そういう取り組みにもかかわらず、ソウルにいる消費者は、慣行栽培の農産物に比べてそれほど代価を払ってくれたわけでもなかった。

一九九〇年代後半、ホンドンは有機農業により全国的に有名になり、帰農（新規参入のこと）する人やUターン、Iターンなどで村に入る人が多くなった。そういった人たちはすでに社会でいろいろと経験を積んでいたため、ホンドン地域にとってプラスになることが多かった。足りない労働力問題にも寄与し、みんな熱心であり、若いために村の幹事役をやる人たちもいた。しかし、もともと住んでいるすべての村の人がそう思っているわけではなく、村に完全にとけこむことは難しかった。

現在はホンドンの他、隣の村である長谷（ジャンコク／以下、ジャンコク）にも有機農業が拡大されつつある。新しいアイデアのもとで、雇用と教育、福祉に分かれた活動が行われている。なかでも雇用を中心にする「若い協業農場」は、有機農家を目指して帰農してきたものの、有機農業に関する情報も技術もまったくない人たちが協同で農業を行う農場である。そこで有機農業の価値を共有し、技術や情報などを交換したりしながら有機農業を学んでいく。そういう過程を経て農業を学んだ人たちがやがて独立していくことになる。

ホンソン有機農営農組合代表のジョン・サンジンさんは、ホンドンで農業をやっていたが、二〇〇五年にジャンコクに移ってきた。農業専門学校を卒業した一九九二年から農業を始め、周りの有機農家の影響により一九九七年から有機農業に転換している。当時、ジャンコクでは、ホンドン有機農業の影響もあり、一九九七年に約三〇名の有志で有機農業が始まっており、二〇〇〇年になると五〇～六〇名まで増える。二〇〇三年ころになると、ホンソン地域全体で四〇〇～五〇〇名まで有機栽培をする農家が増えることになった。しかし、販売先が充分ではない状態のなか、急速な生産者の増加は状況を悪くするだけであった。農家自らの出資も難しく、きちんとした準備のない無理な事業拡大が行われることもあった。そのため、二〇〇五年には多くの農家が、販売先がないまま有機栽培で生産し、最終的に一般農産物市場に売ったりする事態が生じ、なかには有機農業をやめていく農家も出てきた。その時期にジョンさんもホンドンを離れる決意をし、ジャンコクで再出発することになったのである。

現在、ホンソン有機農営農組合のメンバーは認証関連で働いている人や職員を含めて八三名いる。そのうち認証を取っている農家は五五名である。帰農した人が占める割合は二五パーセントである。品目別作目班と生産管理、文化、販売、地域協力委員会などに分かれて活動している。また昨年から有機農産物の直売所やレストランも運営して、自立可能な村作りに挑んでいる。

当時の話を聞くと、有機農業への挑戦はやはり簡単なものではないように思われる。仲間を増やすことも周りの農家の理解を得ることも、実際はとても大変だったであろう。また有機農業の技術を安定させるまでには多くの時間がかかり、そのようにして生産されたものも消費者の完全な支持を受けたわけではなかった。その意味で合鴨農法の導入とその後の消費者との交流を通じた信頼関係の形成過程は画期的な事件であったのかもしれない。このようにしてホンドンの有機農業は集落を越えて、地域全般の多様な活動にまで拡大された。試行錯誤により思わぬ葛藤になったこともあったが、それにもかかわらず、長い時間をかけて形成されてきたホンドンの共同体のなかで、それぞれの妥協点を自ら見つけながらホンドン地域の有機農業は今日も一歩ずつ進んでいるように見える。

2　タイの有機農業

オルタナティブ農業ネットワーク・イーサン

オルタナティブ農業ネットワーク（Alternative Agriculture Network／以下、ＡＡＮ）・イーサン（Esan：タイ語で東北タイを意味する）の前身は一九九〇年にさかのぼる。そこで長い間農民運動をやってきたカヨタ（Bamrung Kayotha）さんは東北タイで三〇年前に農業を始めた。その五年後には循環農業を実践するために養豚をやっていた。当時、タイ政府は小規模農家に対して関心がなく、さらに自由貿易の流れのなかで、国内における農畜産物市場の状況は良くなかった。そのためにフィリピンなど東南アジアの農民たちとネットワークを広めることに挑んだりすることもあった。その際、日本のアジア学院で研修を受ける機会が得られ、そこで有機農業を学んだ。日本から帰国し一九九七年ごろ、さっそく有機農業を中心にしたオルタナティブ農業グループを作った。同じ意志を持つNGO団体や大学教授などが関わってできたものである。当時、政府は有機農業を支援しようとする計画はあったものの、有機農業に関する技術などの情報はまったくなかったようである。カヨタさんは国連傘下の機関で働いた経験もあり、政府に対する積極的な施策の提案などに関わった。有機農業を支援するためのマスタープランを手がけ、有機農業者マップを作成するなどの実績を見せた。しかし、一九九七年の経済危機によって政府の支援は計画通りにはならなかった。現在、AANはバンコクを含め、全国で一〇〇グループが活動している。

AANイーサンは、カラシンやナコンパノム、サコンナコンを中心に活動している。二〇一二年の時点で、農家メンバー一六〇名のうち、カラシン県では五八名の農家が参加していた。そこでは国王のアイデアをもとに、ジャスミンライスや野菜、マンゴーなど果樹の栽培や豚などの家畜、さらに池を掘り、魚を飼ったりするという複合農業を実践している。複合農業というのは、田んぼや野菜畑から出た副産物を家畜に餌として与え、それを食べて育った家畜の糞尿はまた池に入れたり、田んぼや野菜畑に入れたりして養分を与えるという、まさしく循環を可能にした理想的な農業である。このような複合農業は東北タイで有機農業を実践するところではどこでもみることができる。このような循環ができる有機農業の生産規模としてはだいたい五ライ（ライは、タイの広さの面積で約一六アール。六ライが約一ヘクタールになる）を想定している。参考までに農業センサスによると、東北タイの農家あたりの平均面積は約三ヘクタールとなっている。

生産された農産物は農家が各自、近くの市場や自治体の主催で開かれる展示会などで販売している。近くには自治体が運営している二つの精米所があり、そこで販売するケースが多い。一ライあたりのコメの収穫量は平均して七〇〇～八〇〇キログラムである。慣行栽培では約四〇〇キログラム取れるといわれているので、有機栽培の方が多いことになる。東北タイの別の場所にインタビューに行った際にもこのような話はよく聞かれた。つまり、有機農業に転換してから二、三年で慣行栽培よりコメの量が多く取れるようになるということである。その科学的な証明はできないが、農家の話では土壌が良くなったためではないかとする。逆にいうと、これまでのように化学肥料を使っていると土壌はだめになり、収穫量がそれ以上増えないと考えられている。

有機農業に転換する理由として、生態系の破壊ということをあげる農家（ウボンラチャタニー県）もいた。タイではコオロギなどもタンパク質の供給源として食材に用いられているが、農薬や化学肥料の使用によっていなくなったというのである。

このようにタイでは農家自ら慣行栽培の限界を感じ、有機農業へ転換したケースが多く見られる。他の理由としては化学肥料を買う必要がなく、費用がかからないために有機栽培に転換したというケースも多かった。ある一人の農家（四四歳）は、二〇〇一年、農薬代で負債を抱えていた。農薬や化学肥料を買うお金がなくて、有機栽培に転換したら、最初は収穫量が一ライあたり三〇〇～四〇〇キログラムほどであったが、そのうち、七〇〇～八〇〇キログラムまで上がったと言う。彼はその他に二八種類の在来種子を使った栽培もやっており、農家同士で交換している。有機栽培米は自治体が月一回開くグリーン・マーケットで販売しており、一方で、慣行栽培のコメは玄米の状態で地域の中央市場で販売している。最近、東北タイでは直売形式の市場を「グリーン・マーケット」と呼んでおり、各地で広がっているが、地方自治体の主催で開かれるケースが多い。

グループ活動としては、月に一二〇バーツ（一バーツ＝約三円）をメンバーから集めて、必要とする農家に三万バーツ以内、五年間の期限で年間一パーセントの利子で貸している。

三年間の延長も認めている。どうしても借金が増える農家にとって、農家同士の積立金の貸し出しはとても役に立つことである。また農家間で技術指導のトレーニングや農場見学などを行って、交流も深めている。

若いグループの参入

最近は、若い農家たちが集まり、ＧＡＰ（Good Agricultural Practices：農業生産工程管理）から有機農業に転換するケースが多くなってきている。カラシン県のロンカム（Rongkham）郡にある「知恵を学び集める会」（Feun Phum Thai Local Enterprise）は一三五名の農家が参加しており、三〇〇ライの面積で有機栽培を行っている。このグループは二〇〇五年、ＧＡＰから有機に転換した。自治体に勧められコメとバナナやマンゴーなど一部の農産物は有機認証を取っている。

生産したものは、これまでは大きな会社に出荷してきたが、自分たちの精米所を作り、独自のブランドで販売する計画を持っている。有機農業の実践により地域共同体のなかで自立可能な経済が成り立つことを目指しているのである。このような志向は、リーダーの考え方にも大きく左右される。リーダーであるスパチャイさんは、若いころ都会でビジネスをやっていたが、事業に失敗し、健康の問題もあり故郷に帰ってきた。そういう経験を経て健康でありながら自立可能な生活を目指すようになった。グループのなかにはこのような考え方に賛同したたくさんの若者がいる。スパチャイさんは二〇〇一年から父親のやっていた慣行農業を継いだが、安全基準を守るＧＡＰにした後に有機に転換している。主にコメを生産しており、その他に、バナナやマンゴー、ライチなどたくさんの果樹とハーブも植えている。豚二匹と鶏も飼っているので、その糞を

図４　スパチャイさん

使って、グループで使う有機肥料を作っている。最近は、地方政府からの要請により複合農業をベースにした自立を目指す有機農場で農業技術を教えている。そこでは基本的に五ライの規模に、農家によってさまざまな形の有機農業が実践されている。

コメの収穫量は、一ライあたり五〇〇〜一二六〇キログラムまで取れており、慣行栽培のコメより約二〇バーツ高い五〇バーツ（一キログラムあたり）の値段で販売している。消費者とより密接なネットワークを作るために会員との定期的なミーティングを行い、交

流を深めている。消費者のなかには直接農場まで来てコメなどを買っていく人もいる。

　将来的には、今植えているゴムの収入を使って農家すべてが自分の家を作るようにしたいという。そこまで自立できればお金にこだわる必要もなくなるであろう。そのための農家ファンドも準備している。

　今度はカラシン県のムアン（Muang）郡にある「ジャスミンライス生産・支援グループ」の取り組みをみよう。ここは二〇〇七年よりＧＡＰから有機栽培に転換した。八〇名の農家が一〇〇ライの面積でジャスミンライスを中心にした有機農業をやっている。コメは有機認証を取っており、グリーン・マーケットで売られている。有機米は慣行米よりキログラム当たり二〇バーツ高い八〇バーツで売られている。健康志向が高まった影響もあり、八割精米した発芽玄米も良く売れているという。年二回、コメを生産しており、平均すると一ライあたり八〇〇キログラムの収穫量がある。二〇〇五年に作ったグループの精米所で農家たちと共同で出荷作業を行っており、その精米所でパッケージをし、独自のブランドで販売を行っている。

　タイでは二〇〇三年からＧＡＰが推進されており、安全な農産物として認められる手段になっている。一方で、一九九五年に作られた有機認証制度は、二〇〇一年の改正を経て自治体の積極的な推進により実施されている。有機認証は無料で受けられることや認証を取れると一般農産物より高く売れるメリットがあり、ＧＡＰをすでに受けている農家は書類記載や検査などの手続きを経験しているため、有機農業に転換しやすいと考えられる。これからＧＡＰからの新しい参入はますます増えてくることが予想される。しかし、ＡＡＮイーサンのようにＧＡＰの経験がない農家グループの場合や、すでに販売先が確保されている農家にとっては、有機認証は手間になるだけである。実際、「知恵を学び集める会」でもすべての農産物に対して認証を取っているわけではない。有機認証を取るように自治体では積極的に進めているが、それが安定的な販売先とつながるような仕組みが期待される。

地方自治体の取り組み

タイ政府は農業協同組合省の土地開発局が中心になり、有機農業の技術支援を行っている。化学肥料の代わりに有機肥料としての資材を無料で農家に提供したり、ソイル・ドクターに指定された優秀な農家を村に派遣して有機農業の技術を教えたりしている。

カラシン県の自治体では、農薬や化学肥料など農業資材の費用削減と環境に配慮した持続可能な農業生産のために二〇〇七年から有機農業を推進しはじめた。二〇〇八～一一年までの四カ年プロジェクトを立ち上げ、有機農業生産者グループを支援してきた。優秀なグループリーダーを対象に研修をする農業者学校支援プロジェクトや、コメ、野菜、雑穀など作物別有機技術普及プロジェクトなどを行っている。そして有機農産物を展示・販売するためのQショップの運営もしている。

二〇〇二年現在、カラシン県が把握するところによると二八の農家グループが一六〇〇ライで有機農業をやっている。コメの場合、全面積の一六〇万ライのうち八五〇ライで有機栽培が行われており、もち米が五一〇ライ、うるち米が三四〇ライで栽培されている。しかし、実際にはこれよりたくさんの農家が有機農業を実践している。ここでは省略したが、二〇〇〇年に結成された「伝統農業グループ」では一〇〇名の農家が有機農業をやっている。

自治体の方でも、有機農業を行うことで化学肥料や農薬被害から土を守ることができ、収量的にも有機農業に転換した当初は減るが、五年を経過したあたりから安定的に増えていくという認識が広がっている。

3　ベトナムの有機農業

ニコニコヤサイ

ベトナムのコーヒーの産地で有名なダクラック省バンメトートー市で有機農業をやっている塩川実（三二歳）さんを紹介しよう。塩川さんは二〇〇五年三月より大学を休学し、有機農業を広めようとＮＰＯのプロジェクトに日本語ボランティアとして参加した。日本の有機農家で研修を受けて帰国したベトナムの若者たちの事業をサポートしていくことが主な仕事だった。そしてベトナムで五年間ＮＰＯ活動に従事していたが、思うような成果が得られなかった。理由としては、帰国した研修生が日本での研修の成果を発揮できる受け皿となる事業が構築できなかったことや、有機農業を始めたとしても販路がまだなかったことなどがあげられる。

塩川さんは二〇一〇年六月にＮＰＯを辞め、二〇一〇年七月から二〇一一年二月まで、六カ月間で一〇〇〇平方メートルの土地を耕し、実験的に有機栽培を行った。同時に手探りでホーチミン市への販路を開拓していった。その間に少しずつＮＰＯ時代に日本語を教えたメンバーが集まり、チームで農業生産を始めるようになったという。そして二〇一一年十一月二九日付けで有限会社ＮＩＣＯＮＩＣＯＹＡＳＡＩ（以下、ニコニコヤサイ）を設立することができたのである。

二〇一四年九月現在、全部で三〇〜四〇種類の野菜を作っており、毎日一五〜二〇種類を出荷している。種子はベトナムの地元の種苗店で手に入るものを基本的に使用している。サカタやタキイといった種苗会社の種（キャベツ、にんじんなど）や、タイなど近隣国で生産された種子も地元の種苗店で手に入れることができる。また日本のサツマイモの苗がベトナムで普及しており、これも容易に入手することができる。

図５　ニコニコヤサイの農場

肥料は当初、鶏糞の使用を試みたが、ゲージ飼いの鶏の糞は抗生物質まみれで、いくら有機質とはいえ問題であると感じ、使用をやめた。次に、キャッサバの葉を食べる蚕の糞を使用した。糞とキャッサバがちょうどうまく混じり良質の堆肥になったが、養蚕工場がつぶれるなどして、手に入らなくなった。それで現在は、牛糞を主に使用しているが、糞のコストが大きいため、養豚も始めた。自分たちで牛を飼うことも計画しているという。

防虫剤としては酢、焼酎、ニンニク、トウガラシなどを使用する。また、ベトナムではニーム（センダン科の常緑樹）の種子が手に入るので、ニーム種子から抽出した液を散布して使ったりもしている。このニームの木も塩川さんの農園で育っている。また、ネットでトンネルを作ったり、野菜に袋がけしたりして虫が入らないように工夫している。日本で農業研修を受けたスタッフが自ら考案した方法である。

二〇一四年九月現在、バンメトート市に直営農場（五〇〇〇平方メートル）と近隣の生産者仲間との協同農場五カ所（一ヘクタールが二カ所、二〇〇〇平方メートルが三カ所）、ラムドン省で二カ所（五〇〇〇平方メートル、七ヘクタール）、ドンナイ省で一カ所（四ヘクタール）の提携農場があり、有機農業の意識を共有しながら生産している。当初、二〇〇〇平方メートルから開始したが、販路が拡大するにつれ、生産規模の増大を迫られるようになった。それで直営農場を拡大しようとしたが、設備投資がかかることなどから思うように成果が得られなかった。そのため塩川さんは協力農家を募ることにした。無農薬・無化学肥料の原則を理解してもらえる、信頼できる人のみを慎重に探した。その結果、バンメトート市では、興味を持った隣の農家、友人、またカトリック教会が経営している農場などが参加することになる。

協力者のうち、フイさんは隣の農家であり、露地一ヘクタールでブロッコリー、ナス、インゲン、カリフラワー、キュウリなどを生産している。二〇一二年三月から有機栽培を始めた。大工であるドンさんは、もともとビニールハウスを作ってもらっていたが、トマト生産に関心を持ち、二〇一二年五月から有機栽培を始めている。

またカトリック教会との取り組みとして、塩川さんは子供たち一〇〇名が学校に行けるよう支援するための福祉施設と共同で協同農場を開いた。教会のシスターたちは教育の一環として有機農業を子供たちに教えたいということで、教会が所有している一ヘクタールの農地で教育用の有機栽培を始めている。ここで生産されたものは、基本的には教会のなかで消費し、残った分はニコニコヤサイに出して販売に回す。二〇一二年に続き、二〇一四年二月に訪れた際には、有機栽培技術がとても安定し、たくさんの野菜が立派に育てられていた。

ラムドン省ダラット市では、もともと苗屋であったタンさんが会社法人として露地六ヘクタールとハウス六〇〇坪で有機栽培をやっている。有機農業に関する技術や知識はＪＩ

CAから派遣された日本人から学んだという。こちらの取り組みは二〇一二年六月から始まった。ダラットはベトナム有数の野菜産地であり、すでに農薬を使っている慣行栽培が盛んな地域でもあるために、山の方に移ってから有機栽培の野菜を生産し始めた。

図６　ファミリーマートのニコニコヤサイ

　ニコニコヤサイは二〇一二年六月からホーチミン市のファミリーマートに納品することになったが、消費の多いタマネギ、ジャガイモ、ブロッコリー、トマトなどの野菜の品種を揃えるために、それぞれダラット市（海抜一五〇〇メートル）、ラムドン省ドンユン区（海抜一〇〇〇メートル）、バンメトート市（海抜五〇〇メートル）、ドンナイ省ロンアン区（海抜〇メートル）と、高度や気候風土の異なる土地でそれぞれ適地適作の栽培をして融通しあう工夫をしている。このようにして生産したものはホーチミン市のファミリーマートや、個人が経営している安全な食品を扱うショップなど一五店舗に供給され、ホーチミンの消費者に販売されている。

　ニコニコヤサイではオンラインショップを開設し、宅配サービスも行っている。その都度購入する方法と定期購入の二つの方法がある。前者を利用する人は、二〇一三年一月現在、一二〇名ほどいて、そのうち六〇名が野菜セットを購入している。また宅配で週一回、定期的に購入している消費者は四〇名いる。

野菜の値段は日本の野菜とほぼ同じであり、ベトナムの一般的な野菜の値段と比べると三倍ほど高い。トマトの場合、二〇〇グラムあたり二万三〇〇〇ドン（二万ドン＝約一〇〇円）で、葉物の場合、コマツナ、カラシナ、空心菜、レタスなどを生産しているが、一五〇グラムあたり一万五〇〇〇ドンで販売する。主にホーチミン市に滞在する日本人と外国人、またベトナムの富裕層が購入している。三年間、野菜の値段を変えておらず、その間にベトナムの経済が成長し、物価が上昇していることから、少しずつ価格差が縮まってきているようである。そのためかベトナム人の消費者の割合が増えてきている。

栽培を開始した当初、販路や流通経路がなくて困っていた際に、ホーチミン市の日本人主婦の応援はとても力になったという。二〇一〇年一〇月一〇日（グローバルデイ）のイベントとして、消費者と生産者の顔と顔のみえる関係作りである「第一回やさいを食べる会」を企画したところ、消費者から直接の信頼を得ることができた。これまで「やさいを食べる会」はほぼ三カ月ごとに、全部で一一回行われてきた。

現在、生産規模が拡大し、生産地も三省に広がったことから、ますます安全性や生産過程、安全への自己管理の大事さを感じているようである。一度失った信頼は取り戻すことが難しいため、取り組みは慎重に進められている。消費者と生産者の顔のみえる関係を大切にし、それぞれの地域で、コーヒー収穫祭やトマト収穫祭などを企画して消費者に呼びかけるなど、塩川さんは今もこの関係性を続けていく方法を模索している。

フエ市の事例から

ホア・チャウ（HOA CHAU）農場は、フエ市から車で約三〇分のところに位置している。リーダーであるディーンさん（五三歳）は、有機認証を取っているわけではないが、農薬の代りにバイオ・コントロールする農法を使っている。病害虫予防のために、政府の植物防疫部による技術的支援のもとで有機農業を行っている。

五世帯で一七名がグループのメンバーであり、訪ねた農場は面積七ヘクタールで、一二名が一緒に有機栽培を行っているところであった。その他に労働者として五〇名ほどが雇われていた。ここは比較的新しい農業団地であるという。ディーンさんは二〇〇二年からコメを生産していたが、二〇〇三年からは慣行栽培で野菜も作っていた。その後、二〇〇八年から有機に転換している。有機農業に転換した理由は、生産者の健康はもちろん、消費者の健康も大事であると考えるようになったからである。その際に、政府とフエ農業大学の支援があり、有機農業を本格的にやることができた。

作物としては、五種類のハーブと七種類の葉菜類と三種類の香辛料を栽培している。暑い地域であるため、朝三時から一〇時まで仕事をしている。近くにフエ市という大きな町があるので、市場は形成されている。販売先であるスーパーやホテル、レストラン、幼稚園には毎朝六時半に納品しており、残りは直接消費者が農場に来て購入している。最近の消費者は自分たちが食べるものの安全性や品質を自ら確認したがり、そのような消費者が直接農場まで来るという。毎日、約五名の消費者が訪ねてくるが、それでも残ったものは近くにあるローカル・マーケットで販売している。そして夕方には翌日出荷する野菜の包装作業などをやっている。値段としては、一般の野菜より一五パーセント高い。

図７　ディーンさんの農場
右は一緒に見学したホーチミン大学の先生。

ここでは畑に残った野菜などを燃やして肥料として使っている。これに加えて主に微生物を利用した有機肥料を使っている。水の管理が一番大変なことであり、約七メートルの地下からパイプで水を供給しており、最近はオート・システムを導入している。

しかし、有機農業はやはり簡単なものではない。ホア・チャウ農場からさらに三〇分のところにあるタートさん（五四歳）の農場では、約一五〇坪という小規模の畑で一人で有機栽培をやっている。二〇〇八年から慣行栽培の野菜栽培を始め、二〇一三年一月から有機農業に転換した。近くにダナン市という大きな町があるために一般野菜より少し高い値段で売ることができるからである。ベトナムでは食用として良く使われているペニーワートという葉っぱを一種類だけ生産しており、二〇日間で収穫している。一年目は、一度に三〇〇キログラムを収穫し、二年目は二〇〇〜二五〇キログラムを収穫している。キログラムあたり三〇〇〇〜七〇〇〇ドンで販売している。二〇一四年二月に訪ねた際にはペニーワートの根に病気が出て困っていた。単作でさらに密集して栽培しているために、一気に広まった様子であった。市場に近いという立地的な理由から、少し高くても安全なものを求める消費者の増加はこのような有機栽培への参入をもたらしている。より適正な有機農業の技術（適正な面積での栽培を含む）を学べるような環境が必要と思われる。

ホイアン市のツーリズムと有機農業

有機農業はツーリズムとしても活用されている。クアンナム省ホイアン市は人口九万人の町で、海と川に囲まれているために漁業が盛んである。一時間の距離にはダナン空港があり、港も持っているために、観光地としてアクセスが良い。昔ながらの町並みが残っており、アンティークな町の雰囲気が大きな魅力になっている、世界遺産の町である。観光客の八〇パーセントは外国人である。なかでもチャクエ（Tra Que）村は、有機野菜栽培で有名な地域であり、観光菜園で農業体験に来ている観光客であふれている。

図８　チャクエ農場

チャクエ村は、約二〇〇年前から農業をやってきた地域であり、良い自然環境に恵まれていた。そのため昔から代々土地を持ち続けている世帯が多い。この村は、全部で四〇ヘクタールの農地があり、有機肥料を使った多様な野菜を栽培している。販売先はホイアン市内やダナン市内にあるスーパーである。

マネージャーであるティエンさん（三六歳）によると、農業体験のために訪れる観光客は、多いシーズンである一〇月から三月の間には一日平均二〇〇名にのぼる。農家と直接出会い、地域の野菜に触れるということに魅力を感じた人たちがやってくる。基本的に安全な食べ物への関心が高く、そこで生産された野菜で作ったハーブ・ティーや伝統的な薬などを購入する顧客が多い。毎年一月と二月には農業祭りが行われており、農業関係者たちが集まり、料理コンテストを行ったり、一緒に料理をしたりするなど、交流を深めている。

このような野菜栽培地帯の観光への始まりは、二〇〇二年にさかのぼる。政府は四つの村を対象にツアー・プログラムを作り、支援してきた。その一つが農業地帯であるこの村だ。観光向けに整備するためにまず行ったのは、ばらばらになっていた農地を集中することであったという。その結果、農地は二カ所に集められ、それぞれ八ヘクタールと七ヘクタールとなっている。全世帯二五〇名のうち、農家として参加しているのは一八三名になる。

ここは、もともと農薬を使わず、伝統的な農業を行ってきた地域であるために、昔ながらの方式で有機肥料作りが伝わっている。作物がお互いに育つのに邪魔にならないように、かなり小さいスペースの区間を何十カ所か作り、多様な野菜を栽培していた。それが病気対策にもつながっており、一カ所に病気が出たとしても余裕を持った空間があるために他に感染する心配もない。農場はきれいに整理されていて、土壌の状態もとても豊かであった。昔から農薬を使う習慣などなく、肥料も農産物の副産物を利用して自ら作ったものを使っていたので、まさしく有機栽培をやってきたわけである。しかし農家たちは自分たちのそのような実践をとくに「有機栽培」と呼んではいない。それは、ごく自然のことであるようにみえた。

【参考文献】

金氣興（二〇一一）『地域に根ざす有機農業――日本と韓国の経験』筑波書房。
池本幸生・松井範惇編（二〇一五）『連帯経済とソーシャル・ビジネス』明石書店。

索　引

あ 行

か 行

さ 行

た　行

な　行

は　行

ま　行

や　行

ら・わ　行

《著者紹介》
各章扉裏参照。

シリーズ・いま日本の「農」を問う③
有機農業がひらく可能性
――アジア・アメリカ・ヨーロッパ――

2015年10月25日　初版第1刷発行　〈検印省略〉

定価はカバーに
表示しています

著　者　中島紀一
　　　　大山利男
　　　　石井圭一
　　　　金　氣興
発行者　杉田啓三
印刷者　坂本喜杏

発行所　株式会社　ミネルヴァ書房
607-8494　京都市山科区日ノ岡堤谷町1
電話代表　(075)581-5191
振替口座　01020-0-8076

冨山房インターナショナル・兼文堂

ISBN 978-4-623-07301-6
Printed in Japan